华东石松类和蕨类植物

顾钰峰　沈　慧　商　辉　严岳鸿◎主编

中国林业出版社

图书在版编目（CIP）数据

华东石松类和蕨类植物 / 顾钰峰等主编 . -- 北京：
中国林业出版社 , 2024. 12. -- ISBN 978-7-5219-2968
-3

Ⅰ . Q949.360.8

中国国家版本馆 CIP 数据核字第 2024XF2212 号

策划编辑：邹　爱
责任编辑：袁丽莉　邹　爱
内文制作：北京东安嘉文文化发展有限公司

————————————————

出版发行：中国林业出版社
（100009，北京市西城区刘海胡同 7 号，电话 83223120）
电子邮箱：cfphzbs@163.com
网址：http://www.cfph.net
印刷：河北鑫汇壹印刷有限公司
版次：2024 年 12 月第 1 版
印次：2024 年 12 月第 1 次
开本：787mm×1092mm 1/16
印张：20.25
字数：200 千字
定价：138.00 元

《华东石松类和蕨类植物》
编辑委员会

序

蕨类植物是具有维管束的孢子植物，它们不开花，不结果，主要靠无性孢子进行繁殖。蕨类植物拥有最为复杂的叶型变化，这为分类研究带来了巨大挑战。接触过蕨类植物的人都知道，蕨类植物识别主要靠叶、鳞片、孢子囊、孢子等特征，难度很大，没有长期的分类研究积累，可能连科属都难分清。我早年在研究蕨类植物孢子形态时，查阅了国内大量的标本，也做过大量的野外标本采集，深知蕨类植物标本鉴定的困难。

我和严岳鸿研究员是老朋友，他在上海工作时我们就有过很好的合作，他的团队一直都致力于国内蕨类植物的系统分类学研究，取得很多突出的成果。顾钰峰博士是严岳鸿研究员跟上海师范大学联合培养的第一个硕士研究生，他也听过我的课，在我和严岳鸿研究员合作过程中，我对他有深刻的印象，他科研上刻苦努力，在植物分类方面很有天赋，经过十来年的时间，他在蕨类植物分类学的研究方面也有了更深的造诣。顾博士打电话邀请我给这本书作序的时候，我看到年轻一代逐步成长，并在中国蕨类植物分类学方面做出成绩，非常高兴，欣然接受。

华东地区拥有非常丰富的蕨类植物资源，《华东石松类和蕨类植物》这本书是在作者团队近十年对华东地区大量的野外调查和拍摄基础上，并对早期的标本进行查阅鉴定，结合中国数字植物标本馆和国家标本平台中收录的华东地区蕨类植物的标本记录而写成的，全面地收录了华东地区石松类和蕨类植物 36 科 118 属 592 种（含杂交种、变种、变型）。本书中各科排序按 PPG I（2016）排列，结合《中国生物物种名录 2024 版》，对科内分属、属内物种和种下等级排序均按拉丁名的字母顺序排列，体现了蕨类植物系统研究的最新成果。本书有约 470 种作者拍摄的彩色照片，图文并茂，系统地梳理了该地区的石松类和蕨类植物，这对后续开展华东地区石松类和蕨类植物其他研究是非常好的参考资料。本书做得很好的一点就是根据自己的经验总结了物种识别的关键特征，这需要有多年的野外实践和长期的物种鉴定工作积累，这是很难得的分享，且更有实用性，是相较于其他图鉴书籍的创新之处，也体现出这本书的作者们确实是用了心，下了功夫。

分类学研究是基础学科，相关人才短缺。希望顾博士能在分类学这条路上坚持走下去，也希望未来有更多的年轻人能够从事基础分类学研究，敢于担当，不惧艰辛，不计得失，争取更好的成绩。

王全喜

2024 年 11 月 8 日

前　言

　　中国大陆华东地区，包括福建、江西、浙江、安徽、江苏、山东、上海，共 6 省 1 直辖市。近 10 年中，作者团队以黄山—天目山脉及仙霞岭—武夷山脉为主，结合附近主要山地进行野外考察，主要地点有福建省武夷山市（武夷山自然保护区、武夷山风景区）、南平市（茫荡山、溪源大峡谷）、屏南县（鸳鸯溪—白水洋）、泰宁县（峨嵋峰），江西省铅山县（武夷山自然保护区）、弋阳县（龟峰）、铜鼓县，浙江省杭州市临安区（西天目山、清凉峰、大明山）、安吉县（龙王山）、武义县（牛头山）、遂昌县（白马山、九龙山）、江山县（江郎山、浮盖山）、开化县（钱江源、古田山）、台州市（华顶山）、乐清市（雁荡山）、建德市、松阳县，安徽省黄山市（黄山）、黟县（江溪村）、祁门县（安凌镇）、安庆市（天柱山）、岳西县（鹞落坪、青天乡、主簿镇）、石台县（牯牛降、仙寓山、黄崖大峡谷）、金寨县（天堂寨）、舒城县（万佛山）、绩溪县（清凉峰），江苏省句容市（宝华山），山东省临沂市（云蒙山）、青岛市（崂山）、泰安市（泰山、徂徕山）等近 30 个调查单元开展了多次蕨类植物调查，共采集蕨类植物标本 3265 号，拍摄蕨类植物野外照片 2 万余张，对华东地区野生蕨类植物有了全面了解。综合中国数字植物标本馆（www.cvh.ac.cn）和国家标本平台（www.nsii.org.cn）中收录的华东地区蕨类植物的标本记录，我们已整理出版了《华东石松类与蕨类植物多样性编目》一书，并在此书的基础上，对原记录物种进一步进行考证，删除了部分存在错误鉴定的物种，综合最新及涉及华东地区石松类和蕨类植物新发表物种、分类修订和新分布记录的中英文文献等，我们整理出本书物种。本书中涉及的照片均为本书编委会共同整理提供，对于部分未能在华东地区拍到野外照片的物种以华东地区采集的标本替代。

　　对科属的处理方面，根据最新的研究数据，结合《中国生物物种名录 2024 版》对科属进行排序分配。重新启用稀子蕨科（Monachosoraceae），并恢复该科中的岩穴蕨属（Ptilopteris）；国内紫萁科（Osmundaceae）分属为紫萁属（Osmunda）、羽节紫萁属（Plenasium）、绒紫萁属（Claytosmunda）和桂皮紫萁属（Osmundastrum），瓶尔小草科（Ophioglossaceae）包括劲直阴地蕨属（Sahashia）、蕨萁属（Bptrypus）、瓶尔小草属（Ophioglossum）和阴地蕨属（Botrychium）等，这些处理基本与蕨类植物系统发育研究组（The Pteridophyte Phylogeny Group I）系统 (PPG I，2016) 中科属划分保持一致。物种的处理方面，对于《中国生物物种名录 2024 版》未记载有分布且未检索到华东地区标本采集记录的物种不作收录；对于错误鉴定的标本，且《中国生物物种名录 2024 版》未有记载分布的物种不作收录；对于《中国生物物种名录 2024 版》中有记载，但野外调查未发现且无标本记录的物种，收录物种名并列出分布地；对于部分在《中国生物物种名录2024版》有分布记录且仅有标本的物种，以标本代替生境照片。

本书共计收录华东地区石松类和蕨类植物36科118属592种（含杂交种、变种、变型），比《华东石松类与蕨类植物多样性编目》一书（共计35科115属588种）中多了1个科，即稀子蕨科。对多个科内分属进行了调整，相比多了3个属，石松科（Lycopodiaceae）新增扁枝石松属（*Diphasiastrum*）和垂穗石松属（*Palhinhaea*），小石松属（*Lycopodiella*）变更为拟小石松属（*Pseudolycipodiella*）；稀子蕨科重新启用岩穴蕨属；瓶尔小草科新增蕨萁属；紫萁科新增羽节紫萁属和绒紫萁属；碗蕨属拉丁属名更改为*Sitobolium*，并将光叶碗蕨（*Dennstaedtia scabra* var. *glabrescens*）并入碗蕨（*S. zeylanicum*）；金星蕨科中新增栗金星蕨属（*Coryphopteris*）和圆腺蕨属（*Sphaerostephanos*）；岩蕨科中膀胱蕨属（*Protowoodsia*）变更为二羽岩蕨属（*Physematium*）；三叉蕨科（Tectariaceae）中黄腺羽蕨属（*Pleocnemia*）变更至鳞毛蕨科（Dryopteridaceae）；骨碎补科（Davalliaceae）中小膜盖蕨属（*Araiostegia*）和阴石蕨属（*Humata*）均并入骨碎补属（*Davallia*）；水龙骨科（Polypodiaceae）中连珠蕨属（*Aglaomorpha*）并入了槲蕨属（*Drynaria*），水龙骨属（*Polypodiodes*）和拟水龙骨属（*Polypodiastrum*）并入了棱脉蕨属（*Schellolepis*），鳞果星蕨属（*Lepidomicrosorum*）、骨牌蕨属（*Lepidogrammitis*）和盾蕨属（*Neolepisorus*）均并入了瓦韦属（*Lepisorus*），新增膜叶星蕨属（*Bosmania*），另新增睫毛蕨属（*Pleurosoriopsis*）为华东地区新记录属。物种总数增加了5个，并认为劲直阴地蕨（*Sahashia stricta*）和雪白粉背蕨（*Aleuritopteris niphobola*）的标本是错误鉴定。本书中各科排序按PPG I（2016）排列，结合《中国生物物种名录2024版》，对科内分属、属内物种和种下等级排序均按拉丁名的字母顺序排列。

对于科内含有2个及以上属的类群，本书提供了分属检索表。本书是对《华东地区植物多样性调查》项目的补充，对华东地区石松类和蕨类植物的鉴定提供了一定的帮助。本书也是利用最新的分类系统对华东地区石松类和蕨类植物科属进行编排的。

编者

2024年10月

目　录

01

石松科
Lycopodiaceae

分属检索表

1. 植株无匍匐茎，孢子叶常与营养叶相似或较小，具不明显的孢子叶穗 ············2

  2. 土生或附生，茎直立。孢子叶仅比营养叶略小；叶纸质，边缘具锯齿或全缘 ··· 石杉属 *Huperzia*

  2. 附生，成熟枝下垂或近直立。孢子叶与营养叶明显不同或相似。叶革质或薄革质，边缘全缘 ···················· 马尾杉属 *Phlegmariurus*

1. 植株具匍匐茎，孢子叶与营养叶明显不同，聚合成竖直或下垂的孢子叶穗 ·····3

  3. 地上茎攀缘，每枝有孢子叶穗 6 ～ 26 个一组，生于多回二歧分枝的茎枝顶端 ·························· 藤石松属 *Lycopodiastrum*

  3. 地上茎横走匍匐而侧枝直立或地上茎直立而具地下匍匐茎，孢子囊穗圆柱形，单生或聚生于孢子枝顶端 ····································4

    4. 侧枝直立，单干，下部不分枝，顶部二叉分支，稍扁；孢子囊穗单生于小枝，直立 ····················· 玉柏属 *Dendrolycopodium*

    4. 侧枝直立或斜展，一至多回二叉分枝，孢子囊穗单生或聚生于孢子枝顶端 ··5

      5. 植株土生，孢子叶较不育叶宽，先端急尖 ··········· 石松属 *Lycopodium*

      5. 植株沼生或湿地生，孢子叶有线状披针形和披针形两种形状，先端渐尖或钝 ························ 拟小石松属 *Pseudolycopodiella*

玉柏属 *Dendrolycopodium* A. Haines

笔直石松

Dendrolycopodium verticale (Li Bing Zhang) Li Bing Zhang & X. M. Zhou, Phytotaxa 295: 199. 2017.

地上主茎直立，顶部分枝密接圆柱状，不形成扇形。该区域记录的玉柏标本采自江西武夷山保护区黄岗山，实为该种的错误鉴定。

扁枝石松属 *Diphasiastrum* Holub

扁枝石松

Diphasiastrum complanatum (L.) Holub, Preslia 47(2): 108(1975).

主茎匍匐，小枝扁平。孢子囊穗生于孢子枝顶端。

石杉属 *Huperzia* Bernhardi

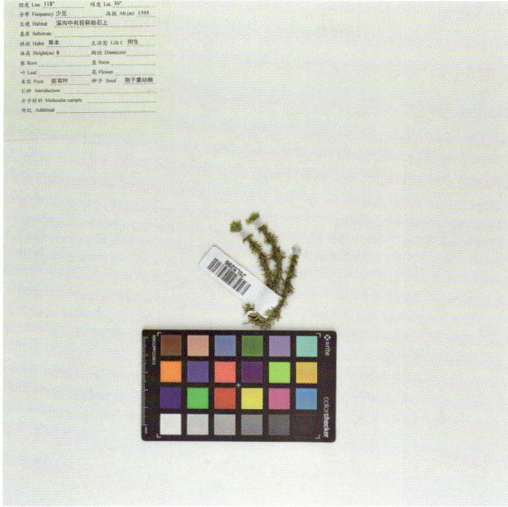

锡金石杉

Huperzia herteriana (Kümmerle) T. Sen & U. Sen, Fern Gaz. 11: 415. 1978.

叶密生，反折，倒披针形，向基部变窄，通直，基部楔形，下延，无柄，边缘平直，先端有啮蚀状小齿或全缘，宽约 1.2mm。

长柄石杉

Huperzia javanica (Sw.) Fraser Jenk., Taxon. Revis. Indian Subcontinental Pteridophytes 10. 2008.

叶疏生，平伸，窄椭圆形，向基部明显变窄，基部下延有柄，有粗大或略小而不整齐尖齿，宽可达 8mm。

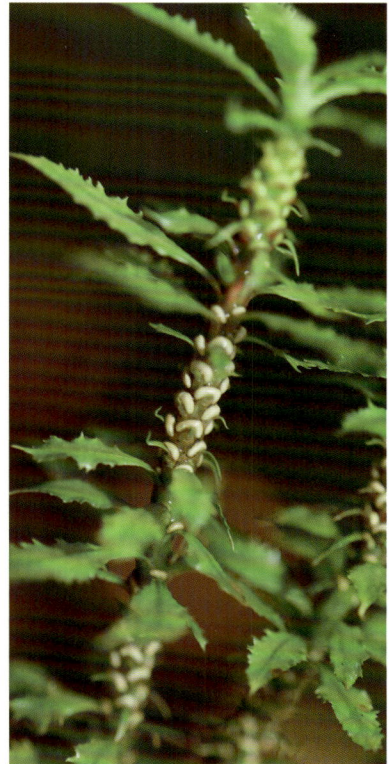

金发石杉

Huperzia quasipolytrichoides (Hayata) Ching, Acta Bot. Yunnan. 3: 299. 1981.
叶密生，强度反折，线形，无柄，基部与中部近等宽，老叶金黄色。

直叶金发石杉

Huperzia quasipolytrichoides var. *rectifolia* (J. F. Cheng) H. S. Kung & Li Bing Zhang , Acta Phytotax. Sin. 36: 528. 1998.
与金发石杉区别在于叶近平直，略斜下。

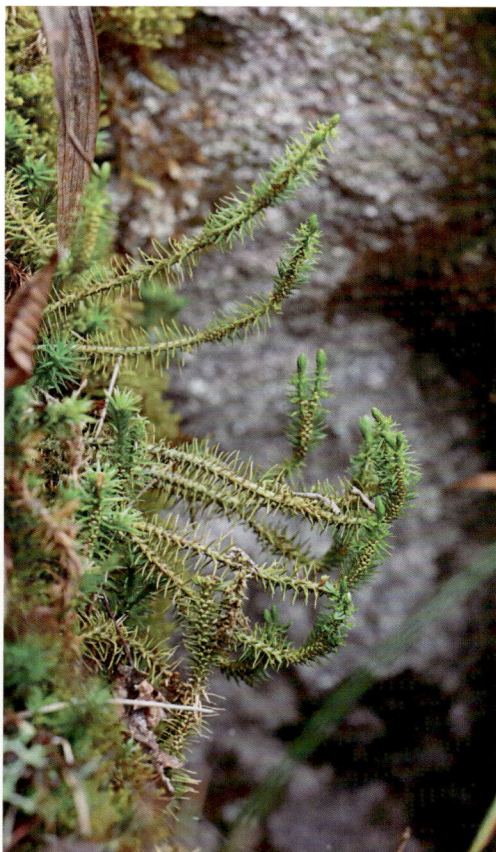

四川石杉

Huperzia sutchueniana (Herter) Ching, Acta Bot. Yunnan. 3: 297. 1981.

叶密生，平伸，上弯或略反折，披针形，向基部不明显变窄，无柄，边缘平直，疏生小尖齿，宽约 1mm。

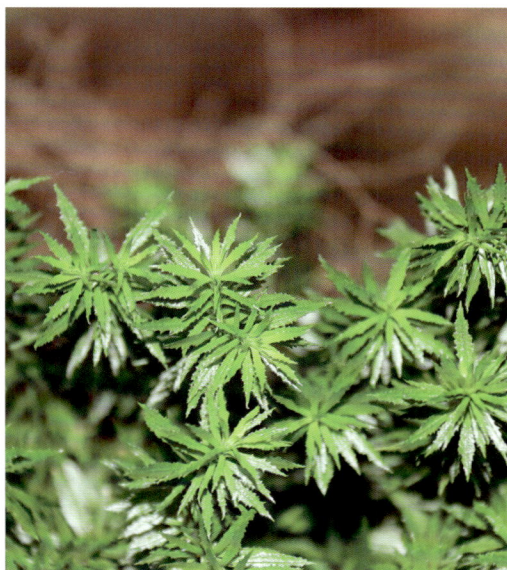

藤石松属 *Lycopodiastrum* Holub ex R. D. Dixit

藤石松

Lycopodiastrum casuarinoides (Spring) Holub ex R. D. Dixit, J. Bombay Nat. Hist. Soc. 77: 541. 1981.

地下茎长而匍匐，地上主茎木质藤状。不育枝柔软，小枝扁平。多个孢子囊穗为一组生于多回二叉分枝的孢子枝顶端。

石松属 *Lycopodium* Linnaeus

石松

Lycopodium japonicum Thunberg in Murray, Syst. Veg., ed. 14. 944. May-Jul 1784.

匍匐茎细长横走，侧枝直立。孢子囊穗常 4 ～ 8 个集生于长达 30cm 的总柄。

垂穗石松属 *Palhinhaea* Franco & Vasc

垂穗石松

Palhinhaea cernua (L.) Vasc. & Franco, Bol. Soc. Brot., sér. 2, 41: 25. 1967.

主茎直立。孢子囊穗生于小枝顶端，成熟时常下垂。

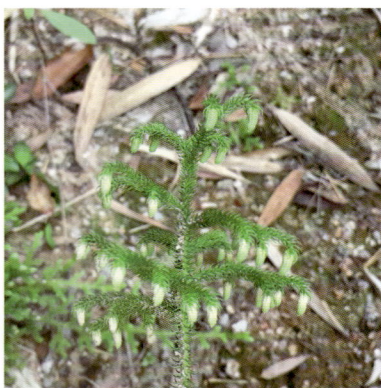

马尾杉属 *Phlegmariurus* (Herter) Holub

华南马尾杉

Phlegmariurus austrosinicus (Ching) Li Bing Zhang, Fl. Reipubl. Popularis Sin. 6(3): 42. 2004.

成熟枝下垂。叶革质，全缘，中脉明显，有明显的柄，营养叶先端圆钝，孢子叶先端尖。孢子囊穗比不育部分略瘦。

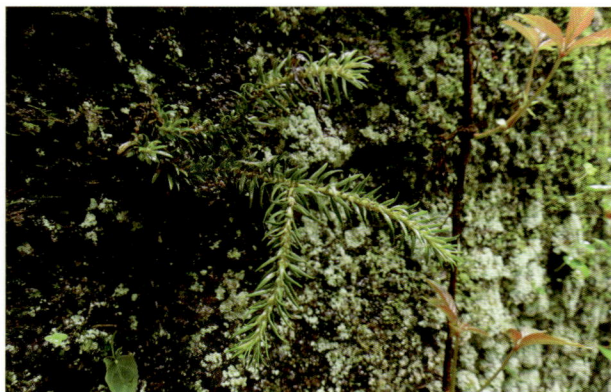

柳杉叶马尾杉

Phlegmariurus cryptomerianus (Maximowicz) Ching ex H. S. Kung & Li Bing Zhang, Acta Phytotax. Sin. 37: 51. 1999.

成熟枝直立或略下垂。叶薄革质，全缘，无柄，背部中脉突出，顶端尖锐。孢子囊穗比不育部分细瘦。

福氏马尾杉

Phlegmariurus fordii (Baker) Ching, Acta Bot. Yunnan. 4: 126. 1982.

成熟枝下垂。叶中脉明显，无柄，革质，全缘，营养叶先端尖，孢子叶先端钝。孢子囊穗比不育部分明显细瘦。

闽浙马尾杉

Phlegmariurus mingcheensis Ching, Acta Bot. Yunnan. 4: 125. 1982.

成熟枝直立或略下垂。叶草质，全缘，无柄，先端锐尖，中脉不明显。孢子囊穗比不育部分细瘦。

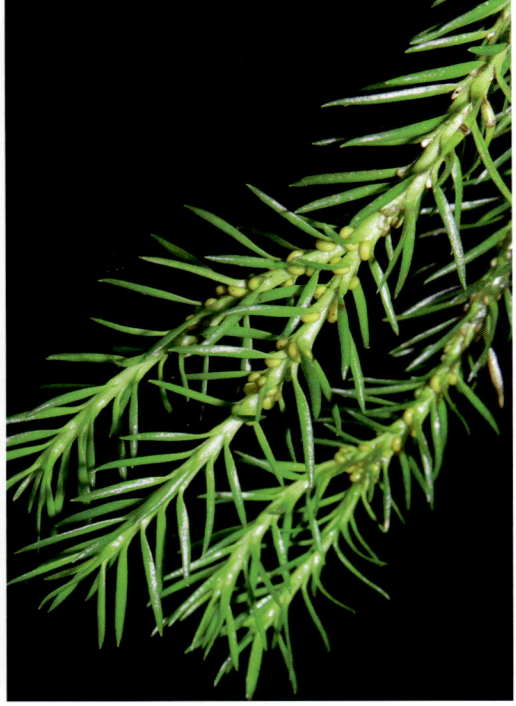

拟小石松属 *Pseudolycopodiella* Holub

卡罗利拟小石松

Pseudolycopodiella caroliniana (L.) Holub, Folia Geobot. Phytotax. 18(4): 442. 1983.

生于山上的沼泽或湿地。叶黄绿色，两面皱缩，中脉不明显。

02

水韭科
Isoetaceae

水韭属 *Isoetes* Linnaeus

保东水韭

Isoetes baodongii Y. F. Gu, Y. H. Yan & Yi J. Lu, Novon. 29: 206. 2021.

生于浙江五泄林场山间林下湿地或沼泽地。叶中宽可达 3mm；二倍体（2*n* = 22）。

长乐水韭

Isoetes changleensis Y.C. Chen & X. Liu, Phytotaxa. 642(1): 41. 2024.

生于浙江长乐林场湖边林下湿地。叶宽约 2mm；二倍体（2*n* = 22）。

东方水韭

Isoetes orientalis H. Liu & Q. F. Wang, Novon. 16: 164. 2005.

生于山间湿地或沼泽地。叶中宽约 1mm；六倍体（$2n = 66$）。

中华水韭

Isoetes sinensis Palmer, Amer. Fern J. 17: 111. 1927.

模式产地为水塘，生于水底。叶中宽约 1mm；四倍体（$2n = 44$）。该物种在模式产地已灭绝。

余杭水韭

Isoetes yuhangensis Y.C. Chen & X. Liu, Phytotaxa. 642(1): 42. 2024.

生于浙江余杭山边林下溪沟边。叶宽约 2mm；二倍体（$2n = 22$）。

03

卷柏科
Selaginellaceae

卷柏属 *Selaginella* P. Beauvois

布朗卷柏

Selaginella braunii Baker, Gard. Chron. 1867: 1120. 1867.

土生或石生，旱生。主茎直立，禾秆色或红色，茎枝被毛，羽状分枝，主茎上的叶边缘撕裂状且具睫毛。

蔓出卷柏

Selaginella davidii Franchet, Pl. David. 1: 344. 1884.

主茎羽状分枝，分枝稀疏，小枝上的腋叶边缘具细齿或近基部边缘具睫毛，基部近心形。叶具白边，在主茎上紧密，叶缘有细齿。

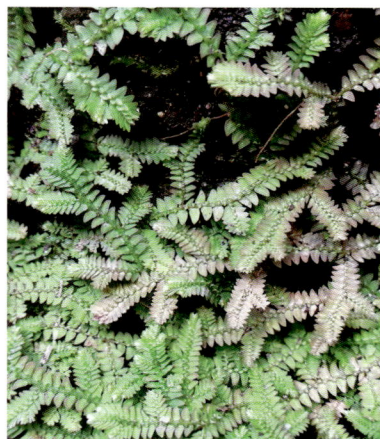

薄叶卷柏

Selaginella delicatula (Desvaux ex Poiret) Alston, J. Bot. 70: 282. 1932.

主茎直立或近直立，下部禾秆色，质地脆。叶缘有白边。孢子囊穗四棱形。采自江西的黑顶卷柏实际是该种的错误鉴定。

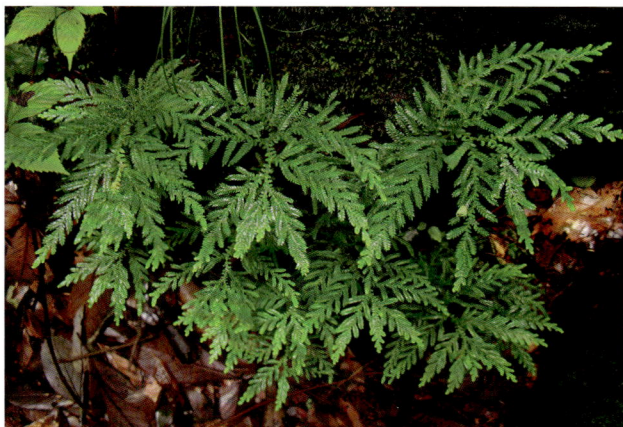

深绿卷柏

Selaginella doederleinii Hieronymus, Hedwigia. 43: 41. 1904.

直立，深绿色，主茎质地硬。叶卵状三角形，边缘有细齿，白边不明显。

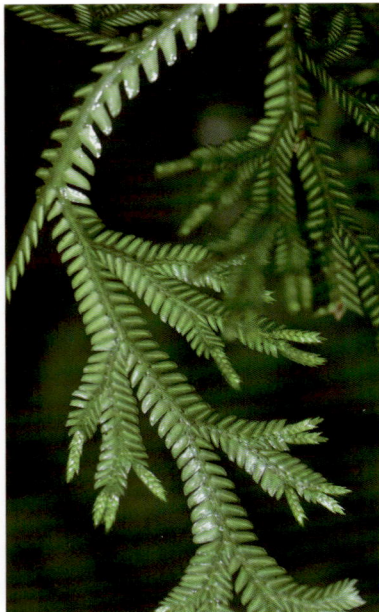

异穗卷柏

Selaginella heterostachys Baker, J. Bot. (Hooker). 23: 177. 1885.

主茎常直立，二型叶，无白边。腋叶近心形，有细齿；中叶不对称，先端有尖头，具微齿，叶质较为柔软。孢子囊略呈橙色。

兖州卷柏

Selaginella involvens (Swartz) Spring, Bull. Acad. Roy. Sci. Bruxelles. 10: 136. 1843.

该种与江南卷柏形态较近，该种不分枝。主茎上的叶排列极为紧密。

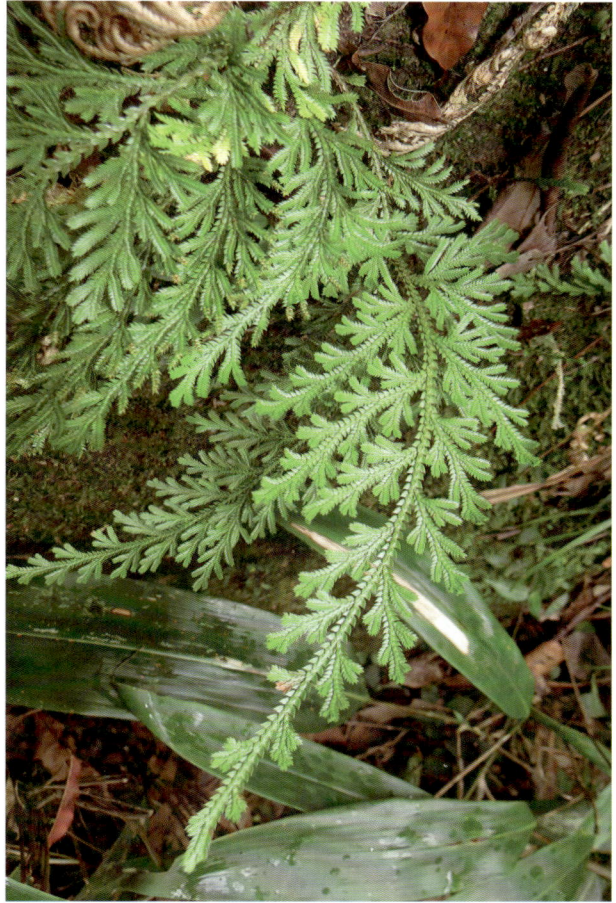

细叶卷柏

Selaginella labordei Hieronymus ex Christ, Bull. Acad. Int. Géogr. Bot. 11: 272. 1902.

常生于石上。直立，茎纤细，常为红色。叶极柔软，有白边，叶缘有睫毛或细齿。

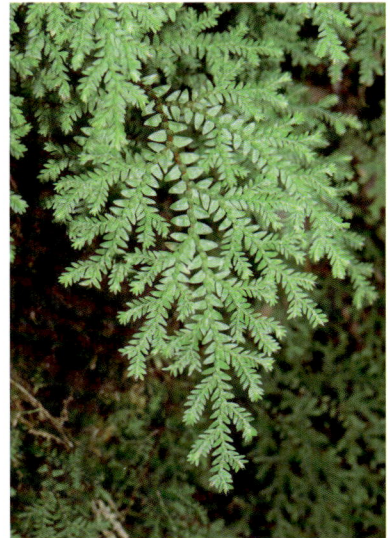

耳基卷柏

Selaginella limbata Alston, J. Bot. 70: 62. 1932.

叶缘全缘，具白边，中叶基部外侧耳状。

江南卷柏

Selaginella moellendorffii Hieronymus, Hedwigia. 41: 178. 1902.

具横走地下根茎和游走茎，主茎下部禾秆色或红色。主茎上叶稀疏，三角形，叶缘有细齿。与兖州卷柏形态较近，该种主茎叶排列较疏。

伏地卷柏

Selaginella nipponica Franchet & Savatier, Enum. Pl. Jap. 2: 199, 615. 1879.
不育枝匍匐，能育枝直立，也有齿，无白边。孢子囊成熟时橘红色或橘黄色。

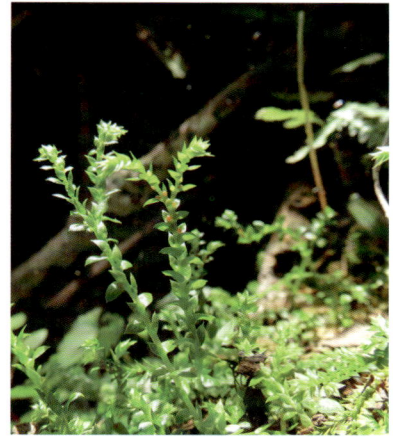

东方卷柏

Selaginella orientali-chinensis Ching & C. F. Zhang ex Hao W. Wang & W. B. Liao, Acta Sci. Nat. Univ. Sunyatseni 61(2): 305. 2022.
植株莲座状，有主茎。与卷柏区别在于本种主茎为二叉分枝。

垫状卷柏

Selaginella pulvinata (Hooker & Greville) Maximowicz, Mém. Acad. Imp. Sci. Saint Pétersbourg, sér. 7. 9: 335. 1859.
植株莲座状。中叶和侧叶的叶缘不具细齿。该种无主茎，卷柏和东方卷柏均有主茎。

疏叶卷柏

Selaginella remotifolia Spring in Miquel, Pl. Jungh. 3: 276. 1854.

不育枝匍匐，能育枝直立。主茎禾秆色，其上叶稀疏，侧叶外展，中叶基部单耳状，具细齿或近全缘。

鹿角卷柏

Selaginella rossii (Baker) Warburg, Monsunia. 1: 101. 1900.

石生，旱生，匍匐。分枝背腹扁。中叶边缘略撕裂状具睫毛，侧叶上侧边缘下半部撕裂状并具睫毛，下侧边近全缘，内卷。

中华卷柏

Selaginella sinensis (Desvaux) Spring, Bull. Acad. Roy. Sci. Bruxelles. 10: 137. 1843.

主茎匍匐，禾秆色。中叶不覆盖侧叶，叶缘有睫毛，侧叶覆瓦状排列，下侧基部略耳状。

旱生卷柏

Selaginella stauntoniana Spring, Mém. Acad. Roy. Sci. Belgique. 24: 71. 1850.

石生，旱生。具横走地下根茎，主茎直立，下部红色或褐色。羽状分枝非"之"字形。叶非全缘，无白边，主茎上的叶红色或棕色，边缘撕裂状。

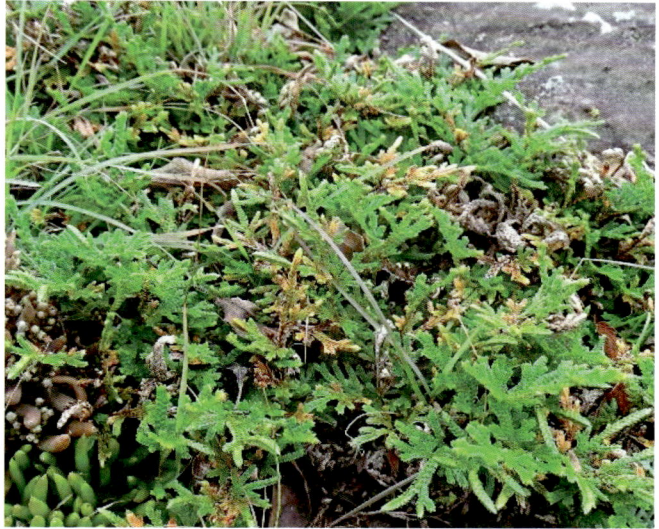

卷柏

Selaginella tamariscina (P. Beauvois) Spring, Bull. Acad. Roy. Sci. Bruxelles. 10: 136. 1843.

植株莲座状，有主茎，与东方卷柏的区别在于本种主茎为羽状分枝。

毛枝卷柏

Selaginella trichoclada Alston, J. Bot. 70: 63. 1932.
主茎直立，主茎中下部羽状分枝，呈"之"字形；禾秆色；茎有棱，无毛或分叉处被毛，带叶小枝背腹扁，两面被毛。

翠云草

Selaginella uncinata (Desvaux ex Poiret) Spring, Bull. Acad. Roy. Sci. Bruxelles. 10: 141. 1843.
该种最明显的特征就是叶表面明显呈现蓝色。

04

木贼科
Equisetaceae

木贼属 *Equisetum* Linnaeus

问荆

Equisetum arvense Linnaeus, Sp. Pl. 2: 1061. 1753.

主枝有规则的轮生分枝，节节草主枝常不分枝。

节节草

Equisetum ramosissimum Desfontaines, Fl. Atlant. 2: 398. 1799.

主枝常不分枝，成熟枝有轮生枝，鞘筒顶部灰棕色。

笔管草

Equisetum ramosissimum subsp. *debile* (Roxb. ex Vaucher) Hauke, Amer. Fern J. 52: 33. 1962.

成熟主枝分枝少，主枝脊较节节草多，鞘筒上部黑棕色。

05

瓶尔小草科
Ophioglossaceae

分属检索表

1. 不育叶多为羽状分裂，能育叶为羽状分枝，孢子囊单生 ···2
   2. 能育叶出自不育叶片基部以下的柄上 ···················阴地蕨属 *Botrychium*
   2. 能育叶出自不育叶片基部或基部以上的轴上 ···········蕨萁属 *Botrypus*
1. 不育叶单叶或先端分叉，能育叶单一，孢子囊在囊序上呈两行 ···············
··瓶尔小草属 *Ophioglossum*

阴地蕨属 *Botrychium* Swartz

薄叶阴地蕨

Botrychium daucifolium Wallich ex Hooker & Greville, Icon. Filic. 2: t. 161. 1830.

叶薄草质，孢子叶自总柄中部生出，不育叶中轴和羽柄有较多长白毛。

华东阴地蕨

Botrychium japonicum (Prantl) Underwood, Bull. Torrey Bot. Club. 25: 538. 1898.

叶草质，孢子叶自总柄近基部生出，不育叶中轴和羽柄几无毛。

阴地蕨

Botrychium ternatum (Thunberg) Swartz, J. Bot. (Schrader). 1800(2): 111. 1801.

植株各部细瘦而稀疏，不育叶基部一对羽片有长柄，叶较为肉质，裂片边缘有密锯齿。

蕨萁属 *Botrypus* Richard ex Michaux

蕨萁

Botrypus virginianus (L.) Michx., J. Bot. (Schrader). 1800(2): 111. 1801.

孢子叶自不育叶片基部一对羽片处生出，孢子穗二回羽状。

采自江西的劲直阴地蕨应该是错误鉴定，实为蕨萁。

瓶尔小草属 *Ophioglossum* Linnaeus

钝头瓶尔小草

Ophioglossum petiolatum
Hooker, Exot. Fl. 1: t. 56.
1823.
不育叶全缘，广卵形，
顶端为圆头。

心叶瓶尔小草

Ophioglossum reticulatum
Linnaeus, Sp. Pl. 2: 1063.
1753.
不育叶阔卵状，基部心
脏形，边缘波状。

狭叶瓶尔小草

Ophioglossum thermale Komarov, Repert. Spec. Nov. Regni Veg. 13: 85. 1914.

不育叶披针形，远高出地面。

瓶尔小草

Ophioglossum vulgatum Linnaeus, Sp. Pl. 2: 1062. 1753.

不育叶为卵状长圆形，基部下延成楔形。

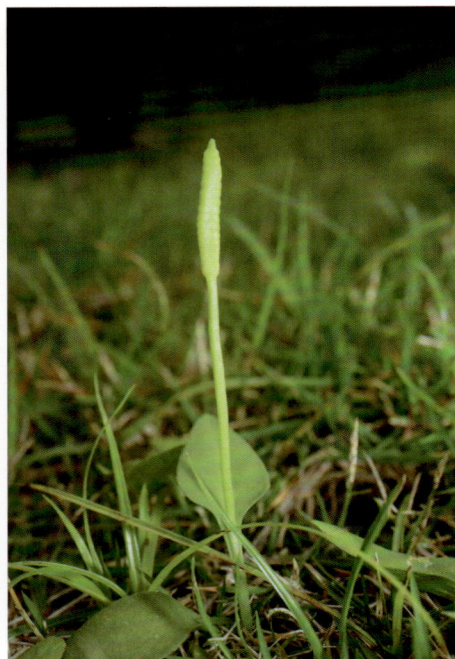

06

松叶蕨科
Psilotaceae

松叶蕨属 *Psilotum* Swartz

松叶蕨

Psilotum nudum (Linnaeus) P. Beauvois, Prodr. Aethéogam. 112. 1805.

附生植物。茎枝绿色。叶不明显。孢子囊黄色，球形，常 3 个聚合。

07

合囊蕨科
Marattiaceae

观音座莲属 *Angiopteris* Hoffmann

福建莲座蕨

Angiopteris fokiensis Hieronymus, Hedwigia. 61(3): 175. 1919.

根茎块状。叶柄基部具有膨大的肉质托，叶脉羽状，无假脉。

紫萁科
Osmundaceae

分属检索表

1. 叶片半二型，一或二回羽状或二回羽状深裂，能育羽片生于能育叶片的先端、中部或下部 ···2
　　2. 叶片二回羽状，羽片不以关节处着生于叶轴 ······················紫萁属 *Osmunda*
　　2. 叶片单一羽状或二回羽状分裂，羽片以关节处着生于叶轴或无关节 ···········3
　　　3. 叶片二回羽状分裂，无关节 ······················绒紫萁属 *Claytosmunda*
　　　3. 叶片单一羽状，羽片全缘、波状起伏或具锯齿，具关节 ······················
　　　···羽节紫萁属 *Plenasium*
1. 叶片完全二型，不育叶二回羽状深裂，能育叶生于植株中央 ······················
　　···桂皮紫萁属 *Osmundastrum*

绒紫萁属 *Claytosmunda* (Y. Yatabe, N. Murak. & K. Iwats.) Metzgar & Rouhan

绒紫萁

Claytosmunda claytoniana (L.) Metzgar & Rouhan, J. Syst. Evol. 54(6): 594. 2016.

叶半二型，二回羽状，幼时密被淡棕色毛，成长后脱落，基部从第二对或以上至第六对为可育叶。

紫萁属 *Osmunda* (Y.Yatabe, N.Murak. & K.Iwats) Metzgar & Rouhan

紫萁

Osmunda japonica Thunberg, Nova Acta Regiae Soc. Sci. Upsal. 3: 209. 1780.

羽片二回羽状，小羽片不与羽轴合生，能育叶与不育叶分开。

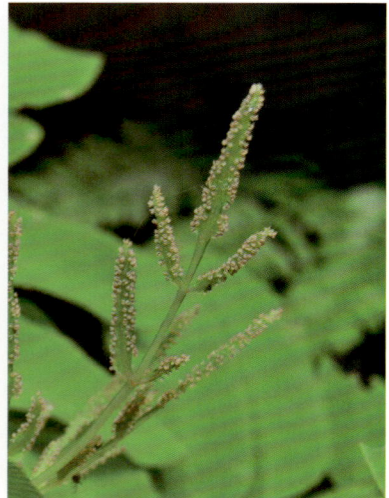

粤紫萁

Osmunda mildei C. Christensen, Index Filic. 474. 1906.

叶二回羽状，小羽片与羽轴合生，能育羽片位于不育羽片的下方。

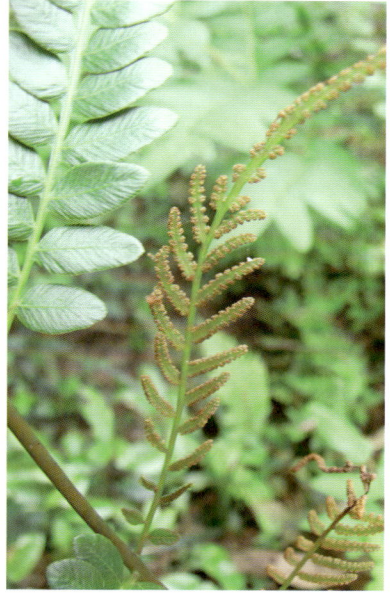

桂皮紫萁属 *Osmundastrum* C. Presl

桂皮紫萁

Osmundastrum cinnamomeum (Linnaeus) C. Presl, Gefässbündel Farrn. 18. 1847.

叶完全二型，不育叶二回深羽裂，能育叶低于不育叶且被棕色毛。

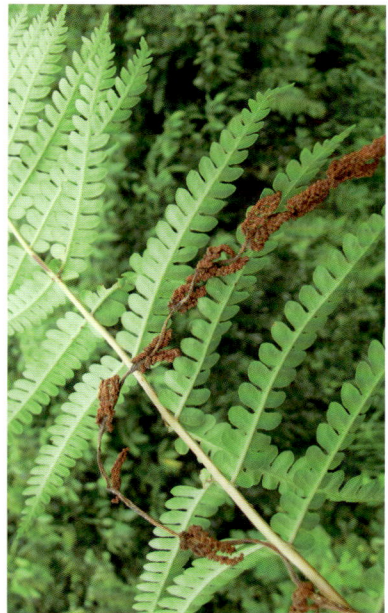

羽节紫萁属 *Plenasium* Presl

羽节紫萁

Plenasium banksiifolia (C. Presl) Kuhn, Ann. Mus. Bot. Lugduno-Batavi. 4: 299. 1869.

叶片一回羽状，羽片革质，边缘具粗锯齿，下部 3 ～ 5 对羽片能育。

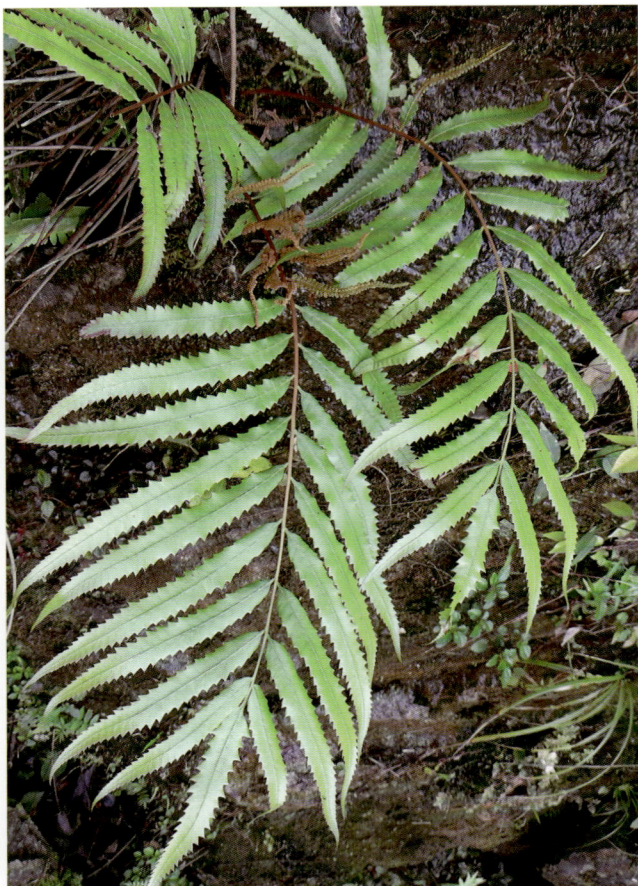

华南羽节紫萁

Plenasium vachellii Hooker, Icon. Pl. 1: t. 15. 1836.

叶一回羽状，叶柄木质化，羽片革质，全缘，基部数对羽片可育。

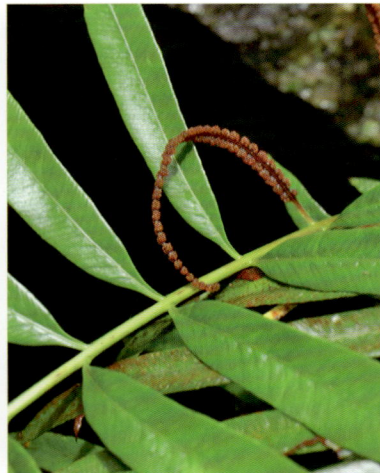

09

膜蕨科
Hymenophyllaceae

分属检索表

1. 根状茎粗壮，短而横走 ·· 假脉蕨属 *Crepidomanes*
1. 根状茎纤细，长而横走 ·· 2
  2. 根状茎光滑或具稀疏毛，囊苞常二瓣状 ················· 膜蕨属 *Hymenophyllum*
  2. 根茎具红色至深色的毛，囊苞为长管状 ················· 瓶蕨属 *Vandenboschia*

假脉蕨属 *Crepidomanes* C. Presl

翅柄假脉蕨

Crepidomanes latealatum (Bosch) Copeland, Philipp. J. Sci. 67: 60. 1938.

叶远生，叶柄几全部有翅，叶片无边缘假脉，具内假脉。

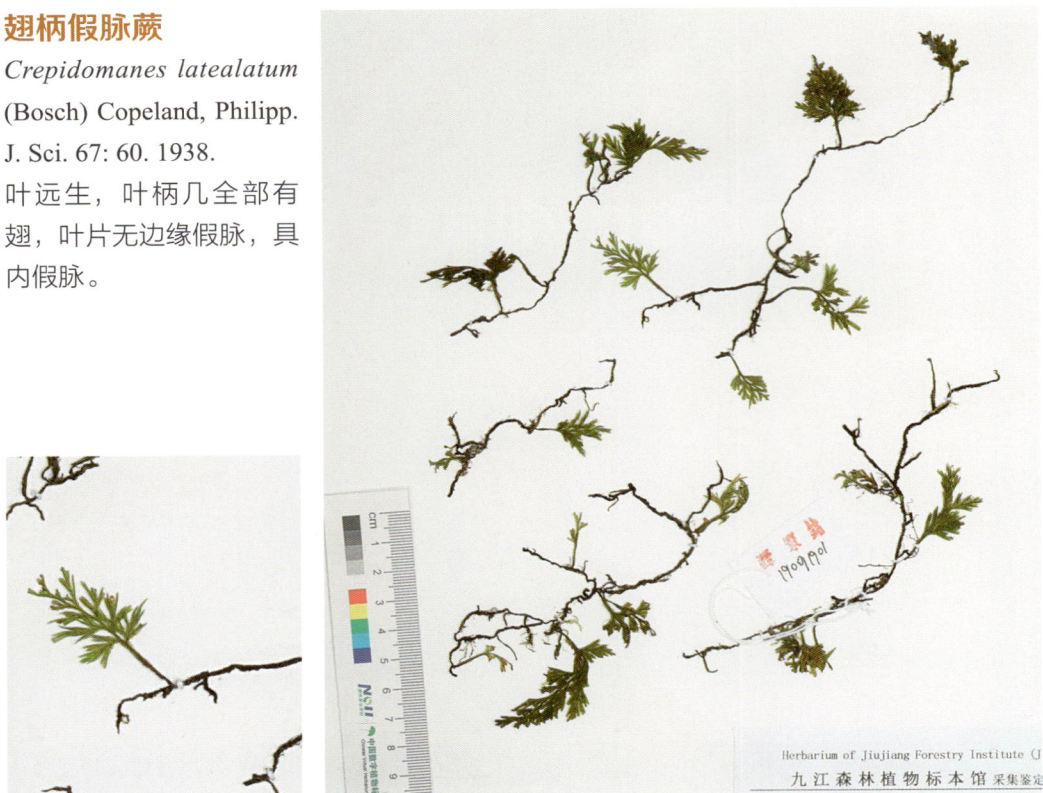

团扇蕨

Crepidomanes minutum (Blume) K. Iwatsuki, J. Fac. Sci. Univ. Tokyo, Sect. 3, Bot. 13: 524. 1985.

叶片扇形，无假脉。

西藏假脉蕨

Crepidomanes schmidianum (Zenker ex Taschner) K. Iwatsuki, J. Fac. Sci. Univ. Tokyo, Sect. 3, Bot. 13: 526. 1985.

叶片羽状，无假脉，叶轴有翅。

膜蕨属 *Hymenophyllum* J. Smith

蕗蕨

Hymenophyllum badium Hooker & Greville, Icon. Filic. 1: t. 76. 1828.

叶全缘无毛，叶轴及叶柄具阔皱翅。囊苞近圆形，唇瓣全缘。

华东膜蕨

Hymenophyllum barbatum (Bosch) Baker in Hooker & Baker, Syn. Fil. 68. 1867.

叶缘具锯齿有微毛，叶轴翅几至基部，叶柄有窄翅。囊苞唇瓣有锯齿。

毛蒗蕨

Hymenophyllum exsertum
Wallich ex Hooker, Sp. Fil.
1: 109. 1844.
叶全缘被针状毛，叶片较
少浅裂。

长柄蒗蕨

Hymenophyllum polyanthos (Swartz) Swartz, J. Bot. (Schrader). 1800(2): 102. 1801.
叶全缘无毛，叶柄常无翅，叶轴翅平坦。囊苞三角形，唇瓣全缘至略波状。

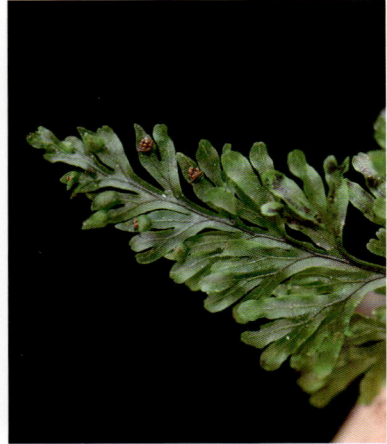

瓶蕨属 *Vandenboschia* Copeland

瓶蕨

Vandenboschia auriculata
(Blume) Copeland, Philipp.
J. Sci. 67: 55. 1938.
叶几无柄，一回羽状，叶
轴几无翅。

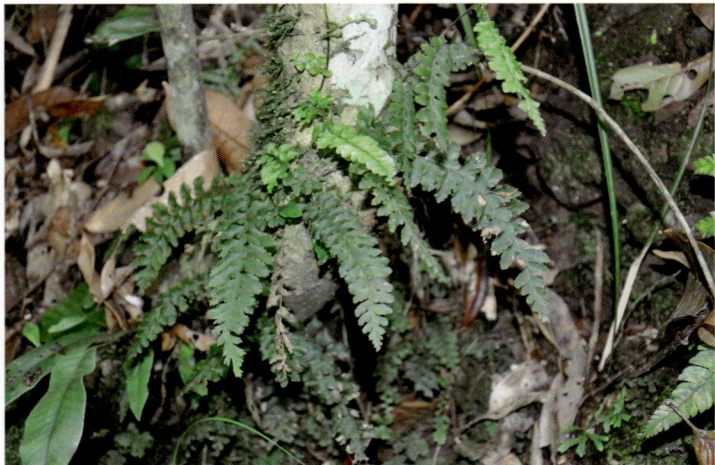

管苞瓶蕨

Vandenboschia kalamocarpa (Hayata) Ebihara, Acta Phytotax. Geobot. 60: 32. 2009.
叶柄明显，叶柄叶轴均具翅，叶片常不足 20cm 长。

南海瓶蕨

Vandenboschia striata (D. Don) Ebihara, Fl. China 2-3: 109.2013.
该种与管苞瓶蕨相近，区别在于本种叶片常超过 20cm 长，且根茎较粗。

10

双扇蕨科
Dipteridaceae

燕尾蕨属 *Cheiropleuria* C. Presl

全缘燕尾蕨

Cheiropleuria integrifolia (D.C.Eaton ex Hook.) M.Kato, Y.Yatabe, Sahashi & N.Murak., Blumea 46(3): 522. 2001.

不育叶全缘，少二叉状，二叉夹角 30° 左右。

11

里白科
Gleicheniaceae

分属检索表

1. 主轴通直，单一，不为二叉状分枝，顶端（或其下部）发出一对二回羽状的大的羽片；叶脉一次分叉，每组只有小脉 2 条 ·············· 里白属 *Diplopterigium*
1. 主轴一至多回二叉分枝，末回主轴的顶端发出一对篦齿状的一回羽状的小的羽片，叶脉多次分叉，每组通常有小脉 4 ～ 6 条·············芒萁属 *Dicranopteris*

芒萁属 *Dicranopteris* Bernhardi

芒萁

Dicranopteris pedata (Houttuyn) Nakaike, Enum. Pterid. Jap., Filic. 114. 1975.

植株高约 1m，二歧分支，分支处有一对羽片，腋芽密被锈毛。

里白属 *Diplopterygium* (Diels) Nakai

中华里白

Diplopterygium chinense (Rosenstock) De Vol, Fl. Taiwan. 1: 92. 1975.

叶纸质，羽轴、小羽轴密被鳞片，小羽片互生，略上斜，具极短柄。

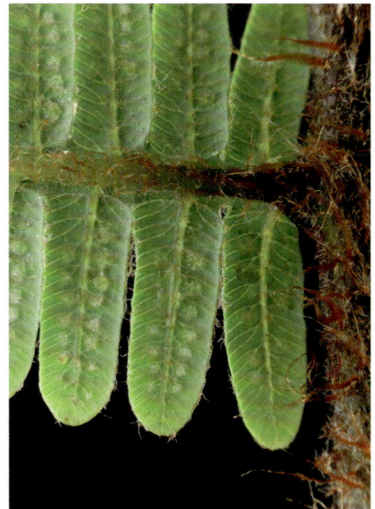

里白

Diplopterygium glaucum (Thunberg ex Houttuyn) Nakai, Bull. Natl. Sci. Mus., Tokyo. 29: 51.
叶革质，羽轴、小羽轴光滑，小羽片近对生，平展，几无柄。

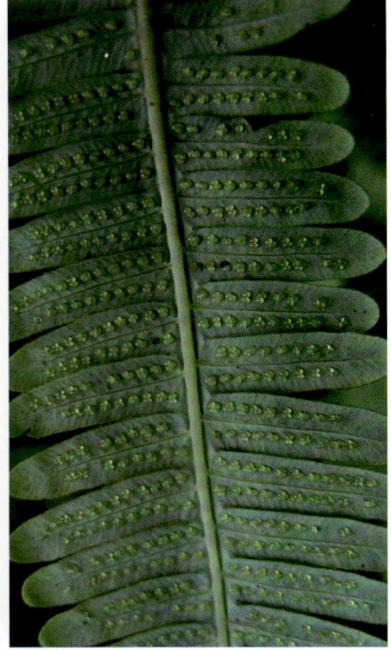

光里白

Diplopterygium laevissimum (Christ) Nakai, Bull. Natl. Sci. Mus., Tokyo. 29: 52. 1950.
叶革质，羽轴、小羽轴光滑，小羽片互生，明显上斜，几无柄。

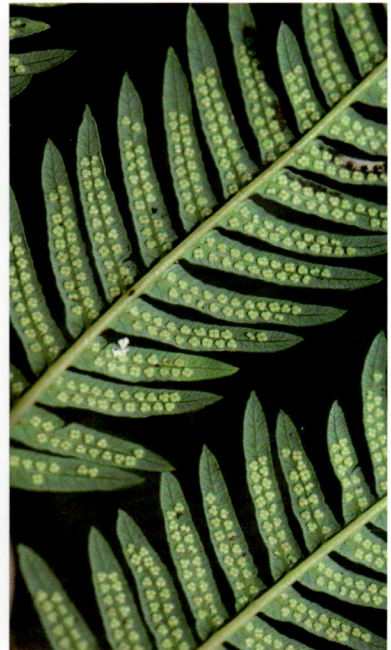

12

海金沙科
Lygodiaceae

海金沙属 *Lygodium* Swartz

曲轴海金沙

Lygodium flexuosum (Linnaeus) Swartz, J. Bot. (Schrader). 1800(2): 106. 1801.

叶三回羽状，小羽柄基部无关节，小羽片尖头，不育羽片和可育羽片同型。

海金沙

Lygodium japonicum (Thunberg) Swartz, J. Bot. (Schrader). 1800(2): 106. 1801.

叶三回羽状，小羽柄基部无关节，小羽片尖头，不育羽片和可育羽片略二型。

小叶海金沙

Lygodium microphyllum (Cavanilles) R. Brown, Prodr. 162. 1810.

叶三回羽状，小羽柄基部有关节，小羽片圆头，基部平截或心形。

13

槐叶蘋科
Salviniaceae

分属检索表

1. 3 叶轮生，2 叶漂浮，绿色，无真根；孢子果呈丛或连串 ⋯槐叶蘋属 *Salvinia*

1. 叶片互生，常覆瓦状，具根；孢子果成对，各常具 1 小的大孢子果和 1 较大小孢子体⋯⋯⋯⋯⋯⋯⋯⋯⋯⋯⋯⋯⋯⋯⋯⋯⋯⋯⋯⋯满江红属 *Azolla*

满江红属 *Azolla* Lamarck

满江红

Azolla pinnata subsp. *asiatica* R. M. K. Saunders & K. Fowler, Bot. J. Linn. Soc. 109: 349. 1992.

漂于水面，整体呈三角形，叶极小，覆瓦状排列。孢子果双生于分枝处。生于阴处多绿色。

槐叶蘋属 *Salvinia* Séguier

槐叶蘋

Salvinia natans (Linnaeus) Allioni, Fl. Pedem. 2: 289. 1785.

漂于水面，叶形如槐叶。孢子果 4 ～ 8 个生于沉水叶的基部。

14

蘋科
Marsileaceae

蘋属 *Marsilea* Linnaeus

南国蘋

Marsilea minuta Linnaeus, Mant. Pl. Altera. 308. 1771.

小羽片前缘具波状圆齿。孢子果常单生于叶柄着生处的根状茎节上。

蘋

Marsilea quadrifolia Linnaeus, Sp. Pl. 2: 1099. 1753.

小羽片前缘无波状圆齿。孢子果通常成对生于叶柄基部稍上处。

15

瘤足蕨科
Plagiogyriaceae

瘤足蕨属 *Plagiogyria* (Kunze) Mettenius

瘤足蕨

Plagiogyria adnata (Blume) Beddome, Ferns Brit. India. 1: t. 51. 1865.

羽片镰刀状，基部多对羽片收缩。

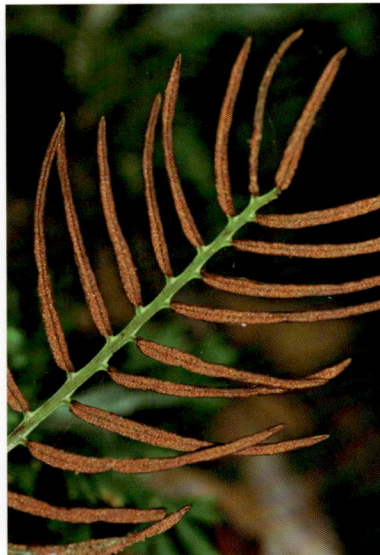

华中瘤足蕨

Plagiogyria euphlebia (Kunze) Mettenius, Abh. Senckenberg. Naturf. Ges. 2: 274. 1858.

羽片有柄，顶生羽片与下部羽片分离。

镰羽瘤足蕨

Plagiogyria falcata Copeland, Philipp. J. Sci., C. 2: 133. 1907.
羽片镰刀状，基部羽片不收缩。

华东瘤足蕨

Plagiogyria japonica Nakai, Bot. Mag. (Tokyo). 42: 206. 1928.
羽片无柄，顶生羽片与下部羽片联合。

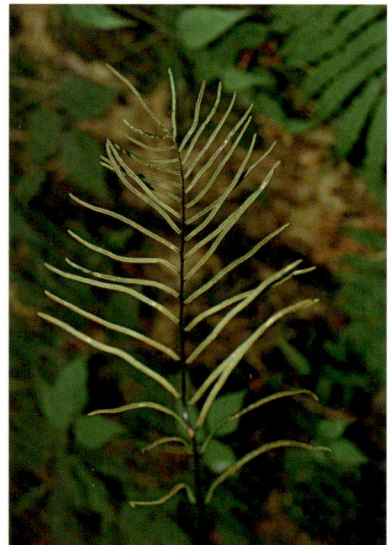

16

金毛狗蕨科
Cibotiaceae

金毛狗蕨属 *Cibotium* Kaulfuss

金毛狗

Cibotium barometz (Linnaeus) J. Smith, London J. Bot. 1: 437. 1842.

根状茎卧生，叶柄基部被有金黄色茸毛。囊群盖两瓣状，成熟时张开如蚌壳。

桫椤科
Cyatheaceae

分属检索表

1. 叶柄、叶轴及羽轴禾秆色、深禾秆色或淡紫色，常被白粉；叶下面通常灰白色，裂片的侧脉 2～3 叉 ························· 白桫椤属 *Sphaeropteris*
1. 叶柄、叶轴及羽轴乌木色、红棕色或深禾秆色；叶下面绿色或灰绿色，裂片的侧脉通常单一或二叉 ··2
  2. 叶柄棕色，具尖刺，能育和不育小羽片几同形同大，侧脉二叉，囊群盖包裹整个囊群 ···桫椤属 *Alsophila*
  2. 叶柄、叶轴和中肋黑色或红棕色，无尖刺，略具疣突；能育小羽片或裂片一般比不育的较狭而小；小脉单一，囊群无盖 ······ 黑桫椤属 *Gymnosphaera*

桫椤属 *Alsophila* R. Brown

桫椤

Alsophila spinulosa (Wallich ex Hooker) R. M. Tryon, Contr. Gray Herb. 200: 32. 1970.

有明显主茎，叶柄、叶轴和羽轴有较多明显的刺突。囊群球形，盖膜质。

黑桫椤属 *Gymnosphaera* Blume

粗齿桫椤

Gymnosphaera denticulata (Baker) Copel., Gen. Fil. 98(1947).

叶柄、叶轴和羽轴无刺突，叶一型，叶柄基部鳞片棕黄色，不平展，小羽片深裂。

小黑桫椤

Gymnosphaera metteniana (Hance) Tagawa, Acta Phytotax. Geobot. 14(3): 94(1951).

叶柄、叶轴和羽轴无刺突，叶一型，叶柄基部鳞片暗棕色，不平展，小羽片深裂。

黑桫椤

Gymnosphaera podophylla (Hook.) Copel., Gen. Fil. 98(1947).

叶柄、叶轴和羽轴无刺突，叶一型，叶柄基部鳞片暗棕色，不平展，小羽片浅裂。

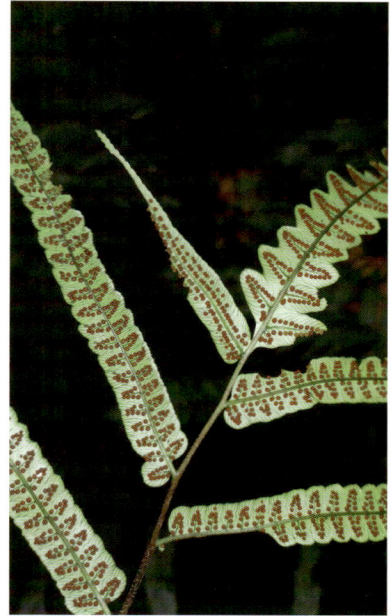

白桫椤属 *Sphaeropteris* Bernhardi

笔筒树

Sphaeropteris lepifera (J. Smith ex Hooker) R. M. Tryon, Contr. Gray Herb. 200: 21. 1970.

有明显主茎，叶柄、叶轴和羽轴有刺突，小羽片及裂片背部有白色鳞片。

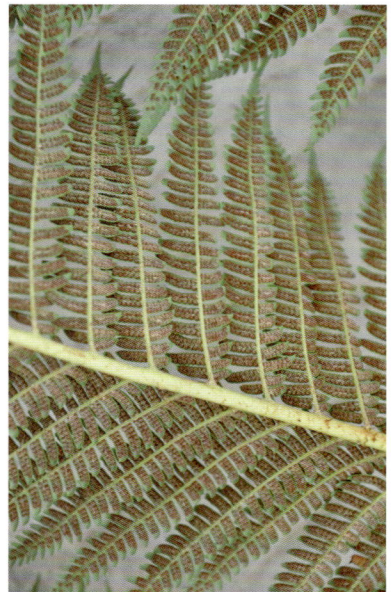

18

鳞始蕨科
Lindsaeaceae

分属检索表

1. 囊群盖杯形，基部和部分或侧边着生 ························· 乌蕨属 *Odontosoria*
1. 囊群盖线形或长圆形，基部着生，侧边分离 ··································2
  2. 根茎为管状中柱，具硬化的髓，叶具芳香 ········· 香鳞始蕨属 *Osmolindsaea*
  2. 根茎为原生中柱（中间木质），叶无芳香 ··················· 鳞始蕨属 *Lindsaea*

鳞始蕨属 *Lindsaea* Dryander ex Smith

钱氏鳞始蕨

Lindsaea chienii Ching, Sinensia. 1: 4. 1929.

叶柄栗红色，叶片三角形，基部二回羽状，上部羽裂状，无顶生羽片。

双唇蕨

Lindsaea ensifolia Swartz, J. Bot. (Schrader). 1800(2): 77. 1801.

叶一回羽状，顶生羽片与侧生羽片同型。

异叶双唇蕨

Lindsaea heterophylla Dryander, Trans. Linn. Soc. London. 3: 41. 1797.

该种与双唇蕨相近，叶一至二回，无顶生羽片。

爪哇鳞始蕨

Lindsaea javanensis Blume, Enum. Pl. Javae. 2: 219. 1828.

叶二回羽状，三角状披针形，上半部羽片不分裂，顶生小羽片分裂状。

团叶鳞始蕨

Lindsaea orbiculata (Lamarck) Mettenius ex Kuhn, Ann. Mus. Bot. Lugduno-Batavi. 4: 279. 1869.

叶一回羽状，羽片扇形或半圆形。

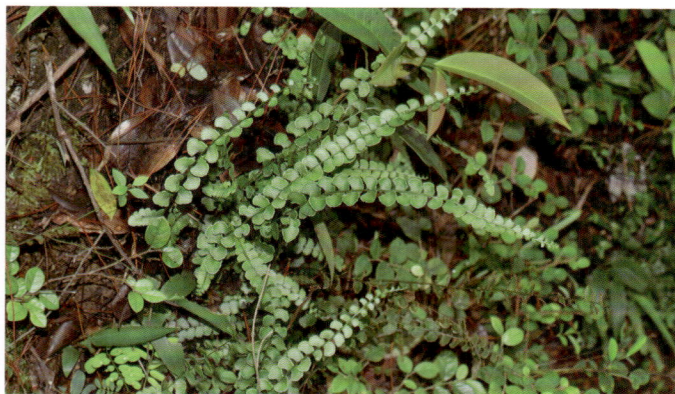

乌蕨属 *Odontosoria* Fée

阔片乌蕨

Odontosoria biflora (Kaulfuss) C. Christensen, Index Filic. 207. 1905.

叶片厚纸质至近革质，下部羽片略上斜。囊群盖具细齿。

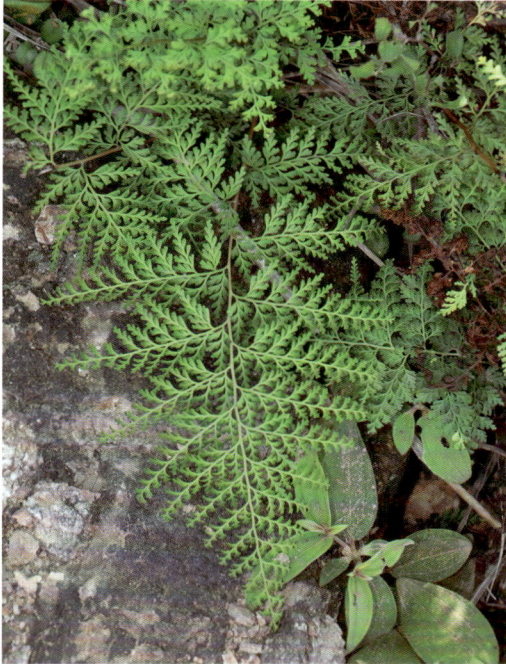

乌蕨

Odontosoria chinensis (Linnaeus) J. Smith, Bot. Voy. Herald. 10: 430. 1857.

叶片纸质，所有羽片明显上斜。囊群盖全缘或波状。

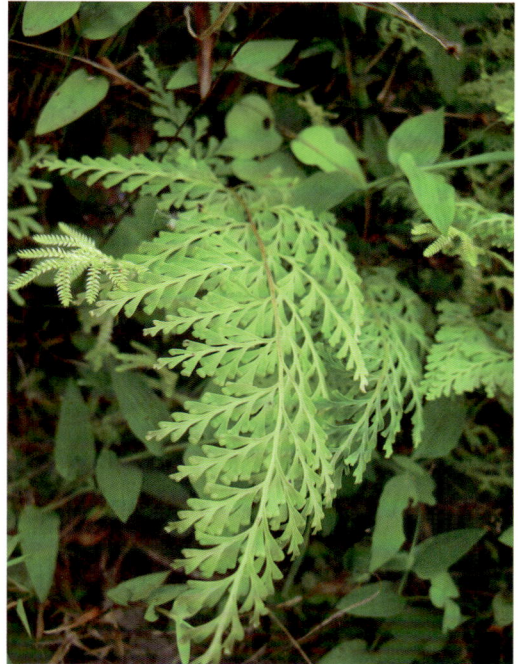

香鳞始蕨属 *Osmolindsaea* (K. U. Kramer) Lehtonen & Christenhusz

香鳞始蕨

Osmolindsaea odorata (Roxburgh) Lehtonen & Christenhusz, Bot. J. Linn. Soc. 163: 335. 2010.

叶一回羽状，羽片边缘具缺刻。

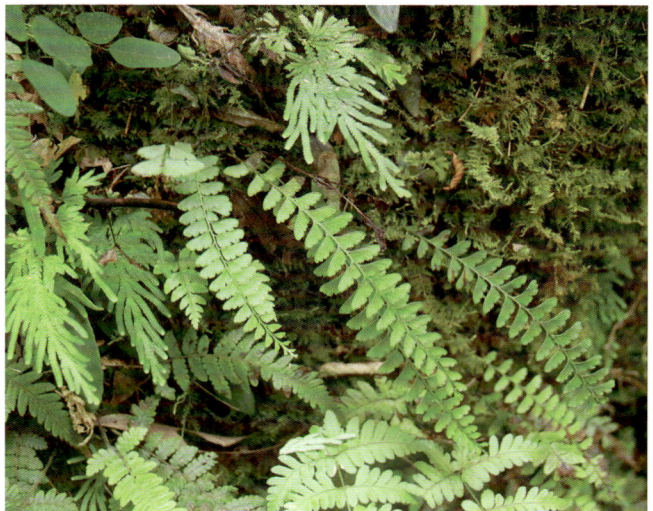

19

碗蕨科
Dennstaedtiaceae

栗蕨属 *Histiopteris* (J. Agardh) J. Smith

栗蕨

Histiopteris incisa (Thunberg) J. Smith, Hist. Fil. 295. 1875.

叶柄、叶轴、羽轴常栗色，光滑，羽片、小羽片对生。

姬蕨属 *Hypolepis* Bernhardi

无腺姬蕨

Hypolepis polypodioides (Blume) Hook. Sp. Fil. 2: 64. 1852.

叶三回羽状，不具腺毛。

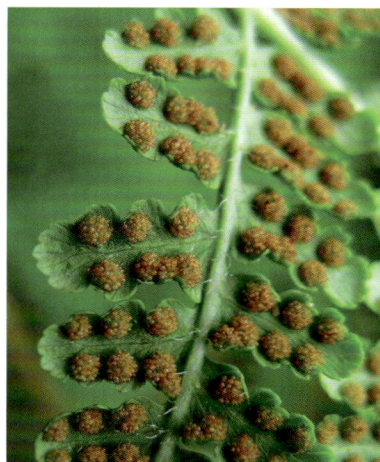

姬蕨

Hypolepis punctata (Thunberg) Mettenius in Kuhn, Filic. Afr. 120. 1868.

叶柄暗褐色，粗糙有毛；叶三回羽状，密生灰色腺毛。

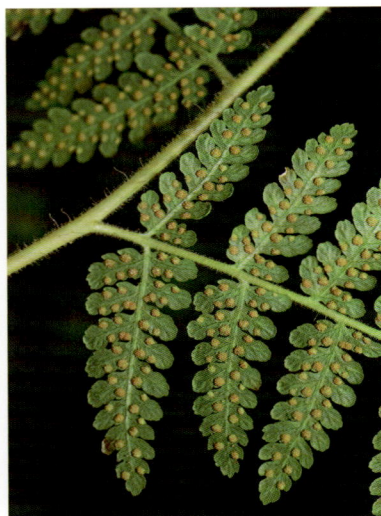

鳞盖蕨属 *Microlepia* C. Presl

华南鳞盖蕨

Microlepia hancei Prantl, Arbeiten Königl. Bot. Gart. Breslau. 1: 35. 1892.

叶三回羽状深裂，小羽片具圆锯齿，叶背光滑，成熟羽片上面略泛蓝光。

光叶鳞盖蕨

Microlepia calvescens (Hook.)
C. Presl, Epimel. Bot. 95. 1851.
叶片一回羽状，羽片浅裂，
羽片两面无毛。

虎克鳞盖蕨

Microlepia hookeriana (Wallich ex Hooker) C. Presl, Epimel. Bot. 95. 1851.
叶一回羽状，羽片全缘不分裂。

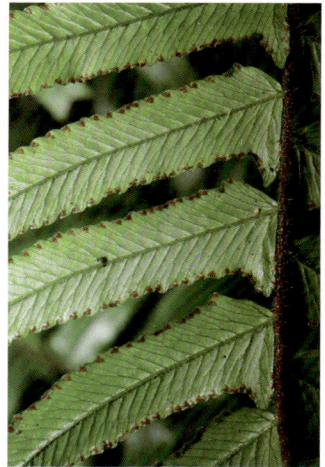

西南鳞盖蕨

Microlepia khasiyana (Hook.) C.
Presl. Epimel. Bot. 95. 1849.
叶片下半部三回羽状，顶生小羽
片具锯齿，叶背光滑。

克氏鳞盖蕨

Microlepia krameri C. M. Kuo, Taiwania. 30: 59. 1985.

叶薄草质，二至三回羽状分裂，叶轴具毛，小羽片先端圆，裂片全缘。

边缘鳞盖蕨

Microlepia marginata (Panzer) C. Christensen, Index Filic. 212. 1905.

叶一回羽状，具疏毛，羽片浅裂（约至 1/2 处）。

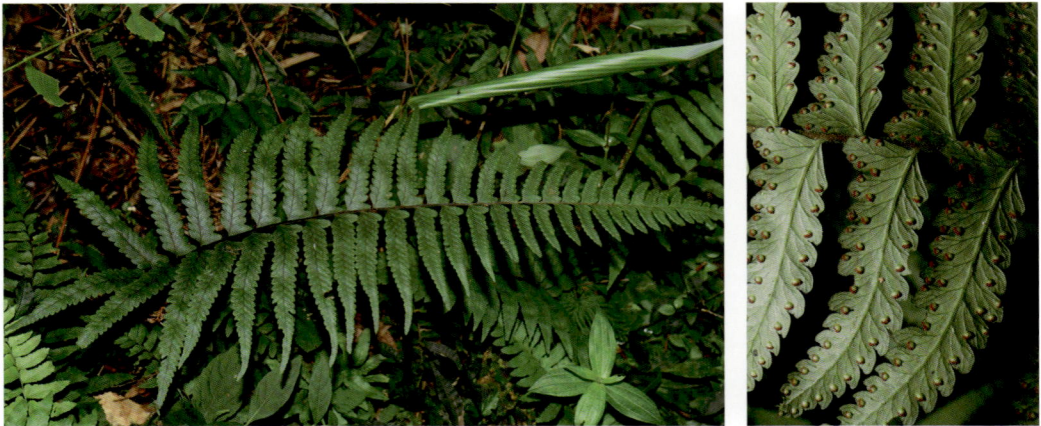

二回边缘鳞盖蕨

Microlepia marginata var. *bipinnata* Makino, J. Jap. Bot. 3(12): 47. 1926.

叶一回羽状，羽片深裂可达近羽轴，叶下半部近二回羽状。

羽叶鳞盖蕨

Microlepia marginata var. *intramarginalis* (Tagawa) Y. H. Yan, Fl. China 2-3: 161(2013).

叶二回羽状，小羽片钝头，羽片两面被疏毛，上部小羽片与羽轴合生。

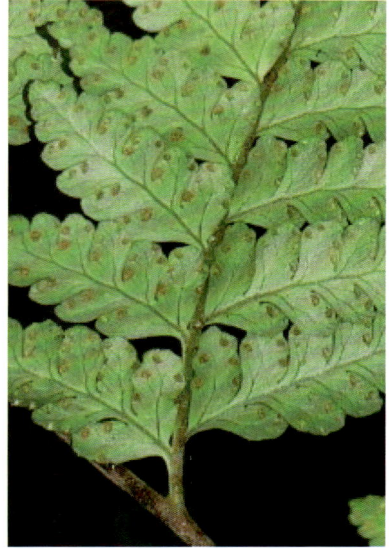

毛叶边缘鳞盖蕨

Microlepia marginata var. *villosa* (C. Presl) Y. C. Wu, Bull. Dept. Biol. Sun Yatsen Univ. 3: 112. 1932.

该种与边缘鳞盖蕨相近，区别在于羽片两面被密毛。

皖南鳞盖蕨

Microlepia modesta Ching, Fl. Reipubl. Popularis Sin. 2: 358. 1959.

叶二回羽状，基部羽片最长，小羽片和囊群盖被长而硬的毛。

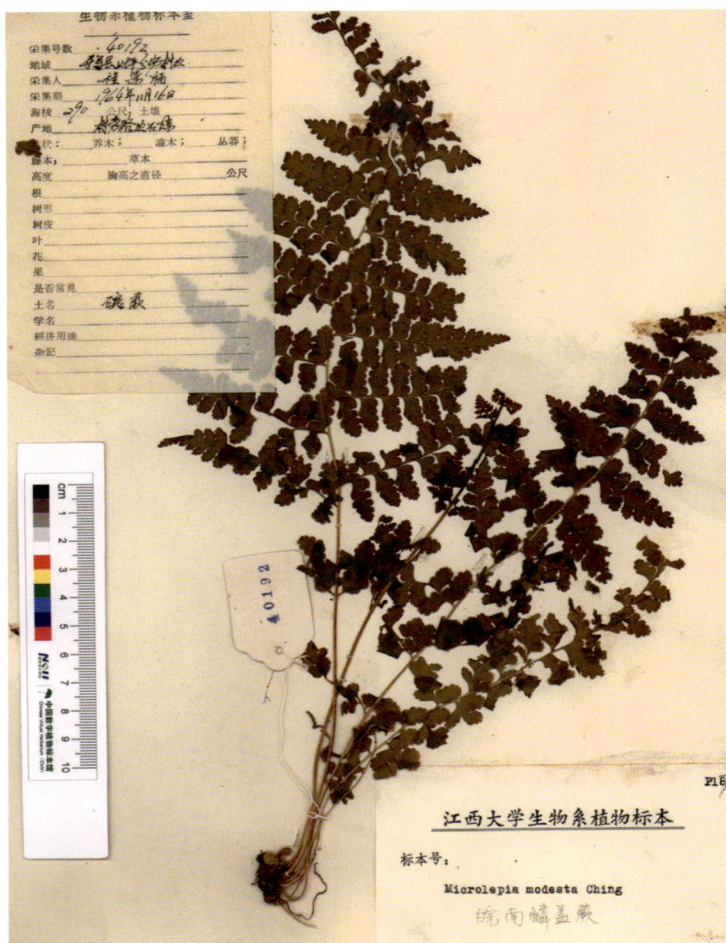

团羽鳞盖蕨

Microlepia obtusiloba Hayata, Bot. Mag. (Tokyo). 23: 27. 1909.

叶二至三回羽状，近革质，裂片全缘，叶轴贴伏硬毛。

假粗毛鳞盖蕨

Microlepia pseudostrigosa Makino, Bot. Mag. (Tokyo). 28: 337. 1914.

叶二回羽状，小羽片浅裂，叶草质，叶柄具短毛，小脉和囊群被疏毛。

粗毛鳞盖蕨

Microlepia strigosa (Thunberg) C. Presl, Epimel. Bot. 95. 1851.

该种与粗毛鳞盖蕨相近，区别在于小羽片近全裂，小脉和囊群被密毛。

蕨属 *Pteridium* Gleditsch ex Scopoli

蕨

Pteridium aquilinum var. *latiusculum* (Desvaux) Underwood ex A. Heller, Cat. N. Amer. Pl., ed. 3. 17. 1909.

叶轴及羽轴均光滑，小羽轴上面光滑，下面被疏毛；叶上面无毛，下面无毛偶有毛。

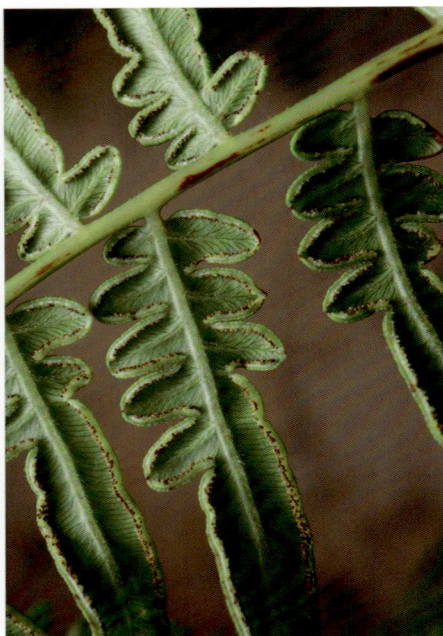

毛轴蕨

Pteridium revolutum (Blume) Nakai, Bot. Mag. (Tokyo). 39: 109. 1925.

叶轴、羽轴及小羽轴的下面和上面的纵沟内均密被柔毛，叶革质。

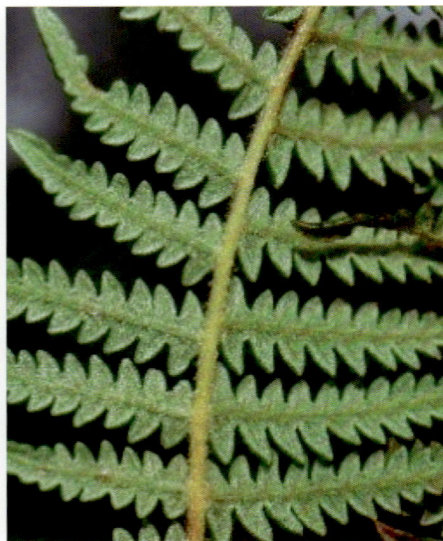

碗蕨属 *Sitobolium* Desv.

细毛碗蕨

Sitobolium hirsutum (Sw.) L. A. Triana & Sundue, Taxon 72(1): 39. 2022.

叶二回羽状，密被柔毛，叶柄绿色。

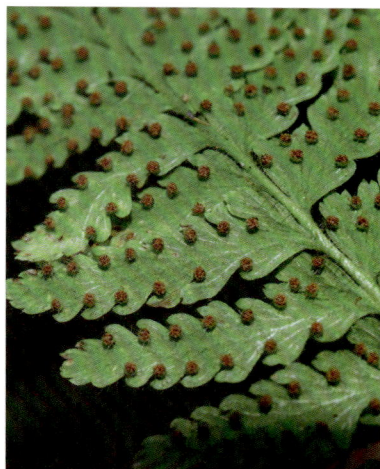

溪洞碗蕨

Sitobolium wilfordii (T. Moore) L. A. Triana & Sundue, Taxon 72(1): 40. 2022.

叶柄基部栗色，叶二至三回羽裂，叶片光滑无毛。

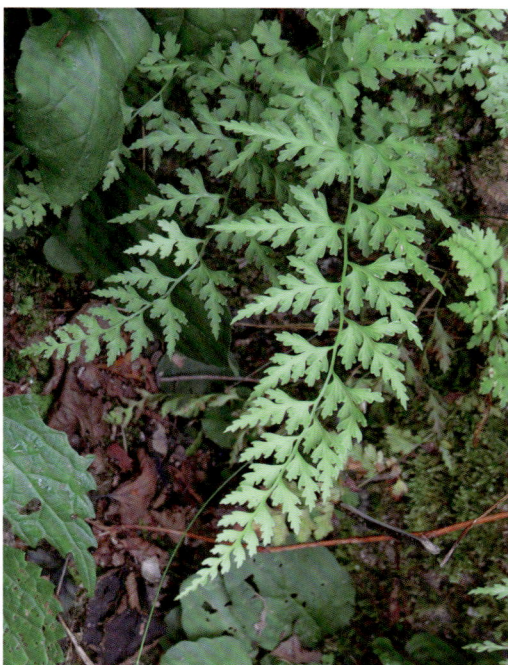

碗蕨

Sitobolium zeylanicum (Sw.) L. A. Triana & Sundue, Taxon 72(1): 40. 2022.

叶三至四回羽状，叶柄栗色或红棕色，叶柄、叶轴、小羽轴两面被毛。

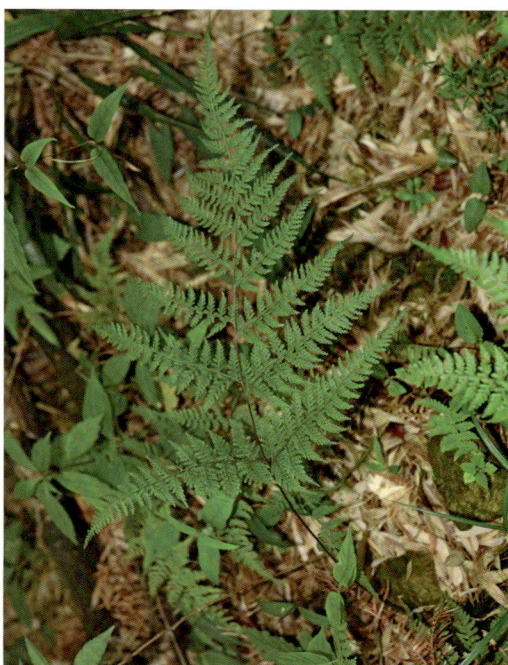

稀子蕨科
Monachosoraceae

分属检索表

1. 叶为卵状三角形至长圆状披针形，二至四回羽状，叶轴顶部不延伸成细鞭状，羽片有柄··································稀子蕨属 *Monachosorum*
1. 叶为狭长披针形，一回羽状，叶轴顶部延长成细鞭状，羽片无柄···岩穴蕨属 *Ptilopteris*

稀子蕨属 *Monachosorum* Kunze

尾叶稀子蕨

Monachosorum flagellare (Maximowicz ex Makino) Hayata, Bot. Mag. (Tokyo). 23: 29. 1909.

叶二回羽状，先端具芽孢。

稀子蕨

Monachosorum henryi Christ, Bull. Herb. Boissier. 6: 869. 1898.

叶三回羽状，叶轴具 1 至数个芽孢。

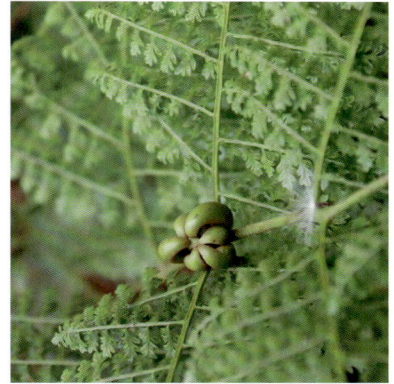

岩穴蕨属 *Ptilopteris* Hance

岩穴蕨

Ptilopteris maximowiczii Hance, J. Bot. 22(5): 139, 1884.

叶一回羽状，顶端生芽孢；羽片近对生，边缘具锯齿，基部有耳突。

21

凤尾蕨科
Pteridaceae

分属检索表

铁线蕨属 *Adiantum* Linnaeus

团羽铁线蕨

Adiantum capillus-junonis Ruprecht, Beitr. Pflanzenk. Russ. Reiches. 3: 49. 1845.

叶片奇数一回羽状，羽片扇形或近圆形，下部羽片对生，上部近对生。

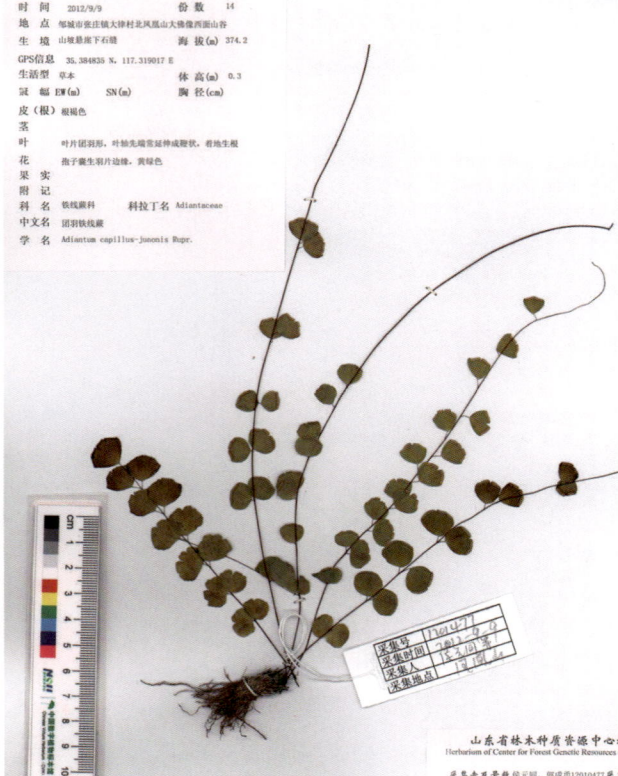

铁线蕨

Adiantum capillus-veneris Linnaeus, Sp. Pl. 2: 1096. 1753.

叶下部二回羽状，小羽片斜扇形或斜方形，外缘浅裂至深裂。

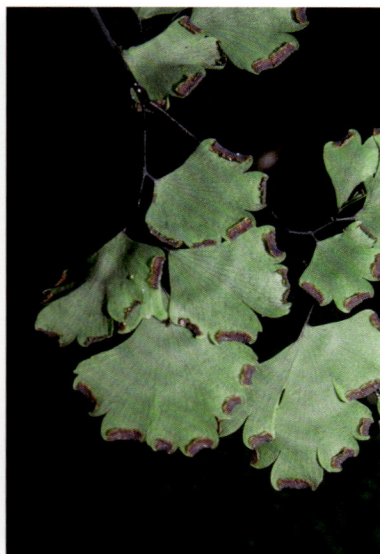

鞭叶铁线蕨

Adiantum caudatum Linnaeus, Mant. Pl. 308. 1771.
叶一回羽状，下部羽片渐小，中部羽片半开式，
羽片两面被毛，叶轴顶端鞭状。

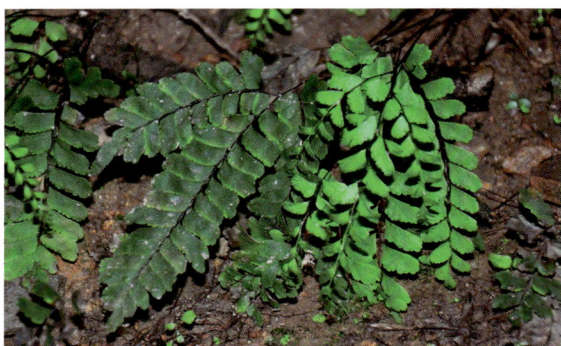

长尾铁线蕨

Adiantum diaphanum Blume, Enum. Pl.
Javae. 2: 215. 1828.
叶奇数一回羽状，叶片基部具 1～3 条
同形而较短侧枝，叶轴顶端非鞭状。

普通铁线蕨

Adiantum edgeworthii Hooker, Sp. Fil.
2: 14. 1851.
叶一回羽状，羽片半开式互生，几
无柄，羽片两面无毛。

扇叶铁线蕨

Adiantum flabellulatum Linnaeus,
Sp. Pl. 2: 1095. 1753.
叶片扇形，有二至三回不对称二
叉分枝。

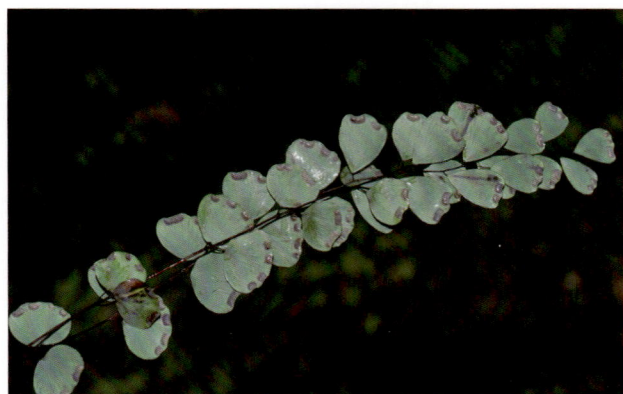

仙霞铁线蕨

Adiantum juxtapositum Ching, Acta
Phytotax. Sin. 6: 312. 1957.
叶奇数一回羽状，羽片对生，近
圆形或扇形，背面略灰白。

假鞭叶铁线蕨

Adiantum malesianum J. Ghatak, Bull. Bot. Surv. India. 5: 73. 1963.
叶片向顶端渐变小，羽片近对生，基部一对羽片最大下斜，叶轴顶端鞭状。

单盖铁线蕨

Adiantum monochlamys D. C. Eaton, Proc. Amer. Acad. Arts. 4: 110. 1858.

叶顶端一回羽状，其下三回羽状，羽片有长柄；每羽片多仅一枚孢子囊群。

灰背铁线蕨

Adiantum myriosorum Baker, Bull. Misc. Inform. Kew. 1898: 230. 1898.

叶片两分枝各有 4 ～ 6 片羽片，每小羽片有囊群 4 ～ 6 枚，小羽片排列紧密。

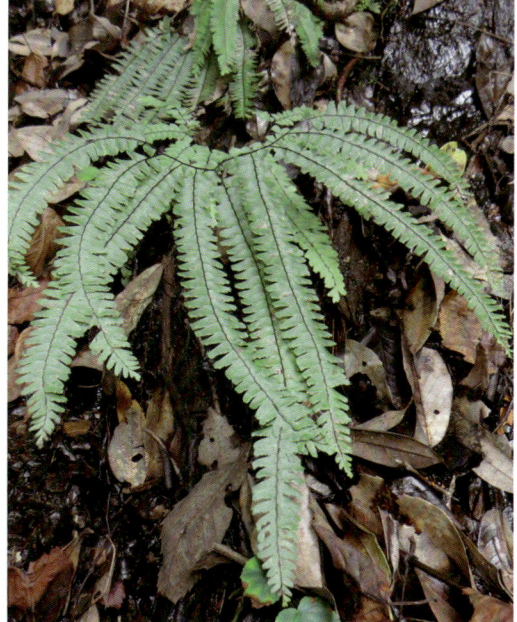

昌化铁线蕨

Adiantum subpedatum Ching, Bull. Bot. Res., Harbin. 3(3): 2. 1983.

叶片 2 ～ 6 分枝，分枝一回羽状；每个小羽片 1 ～ 2 个孢子囊群。

粉背蕨属 *Aleuritopteris* Fée

粉背蕨

Aleuritopteris anceps (Blanford) Panigrahi, Bull. Bot. Surv. India. 2: 321. 1961.

叶长圆状披针形，叶背粉末雪白色；羽片无柄，下侧基部羽片较上侧长。

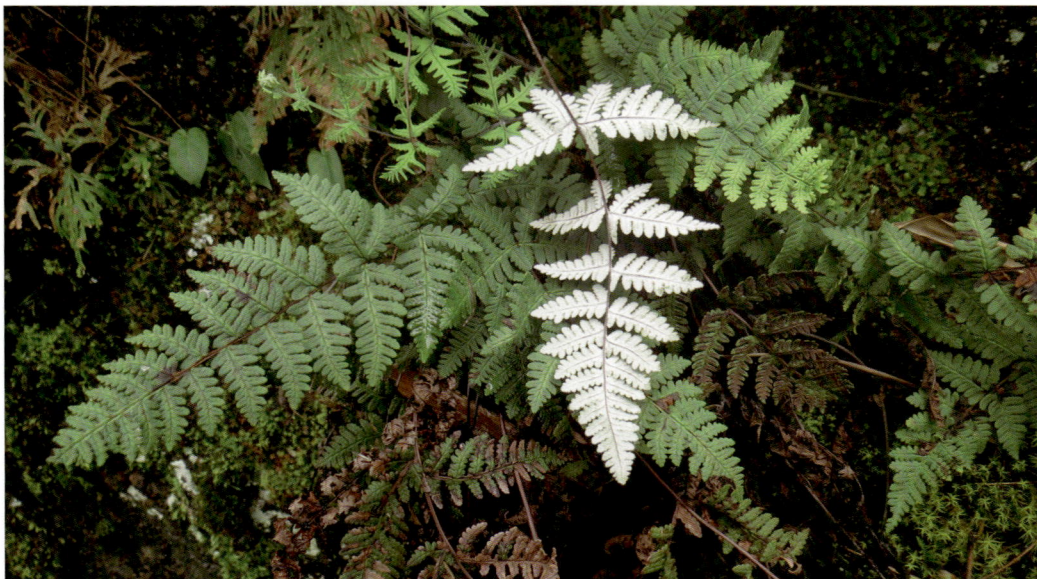

银粉背蕨

Aleuritopteris argentea (Gmél.) Fée, Mém. Foug. 5: 154. 1852.

叶片五角形，长宽几相等，叶背粉末白色或淡黄色。雪白粉背蕨应是银粉背蕨的错误鉴定。

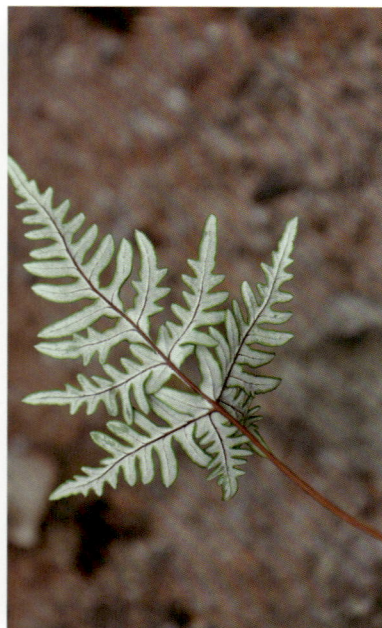

陕西粉背蕨

Aleuritopteris argentea var. *obscura* (Christ) Ching, Hong Kong Naturalist. 10: 198. 1941.

与银粉背蕨相似，区别在于叶背光滑无粉末。

华北薄鳞蕨

Aleuritopteris kuhnii (Milde) Ching, Hong Kong Naturalist. 10: 202. 1941.

叶柄栗红色，叶下部三回深裂，羽片几无柄，下面疏被灰白色粉末。

金粉背蕨

Aleuritopteris veitchii (Christ) Ching. Hong Kong Naturalist 10: 200. 1941.

叶背具有金黄色粉末。

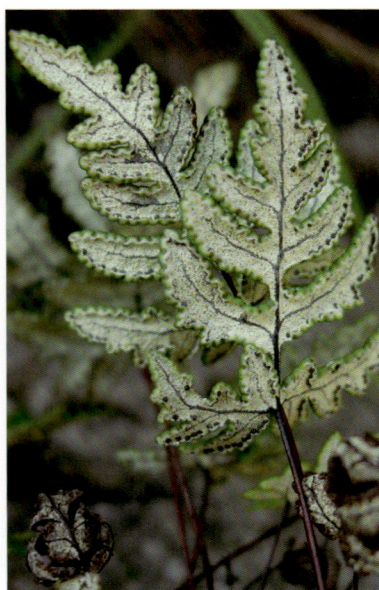

车前蕨属 *Antrophyum* Kaulfuss

长柄车前蕨

Antrophyum obovatum Baker, Kew Bull. 233. 1898.

叶倒卵形，叶片与叶柄几等长，顶端呈尾状。

水蕨属 *Ceratopteris* Brongniart

粗梗水蕨

Ceratopteris chingii Y.H. Yan & Jun H. Yu, Plant Diversity 44(3): 303. 2022.

植株常漂浮于水面，叶柄直径超过 1cm，基部膨胀。

亚太水蕨

Ceratopteris gaudichaudii Brongn. Bull. Sci. Soc. Philom. Paris. 187. 1821.

植株生于土中，叶柄直径不超 1cm，基部不膨胀。

碎米蕨属 *Cheilanthes* Swartz

中华隐囊蕨

Cheilanthes chinensis (Baker) Domin, Biblioth. Bot. 85: 133. 1913.

叶缘几不反折，叶散生，叶背具黄色或棕色长毛，羽片几无柄。

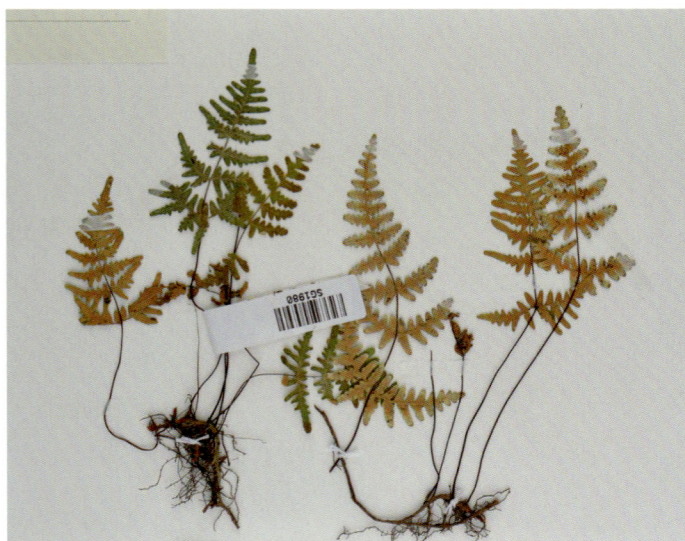

毛轴碎米蕨

Cheilanthes chusana Hooker, Sp. Fil. 2: 95. 1852.

叶缘反折呈假盖，叶背光滑，羽片细裂，叶柄及羽轴具有短毛和小鳞片。

旱蕨

Cheilanthes nitidula Wallich ex Hooker, Sp. Fil. 2: 112. 1852.

叶缘反折呈假盖，叶背光滑，羽片粗裂，顶端常尾状。

隐囊蕨

Cheilanthes nudiuscula (R. Brown) T. Moore, Index Fil. 249. 1861.
该种与中华隐囊蕨近似，区别在于该种叶簇生，羽片有柄。

碎米蕨

Cheilanthes opposita Kaulf., Enum. Filic. 211. 1824.
该种和毛轴碎米蕨相似，区别在于叶柄和叶轴光滑。

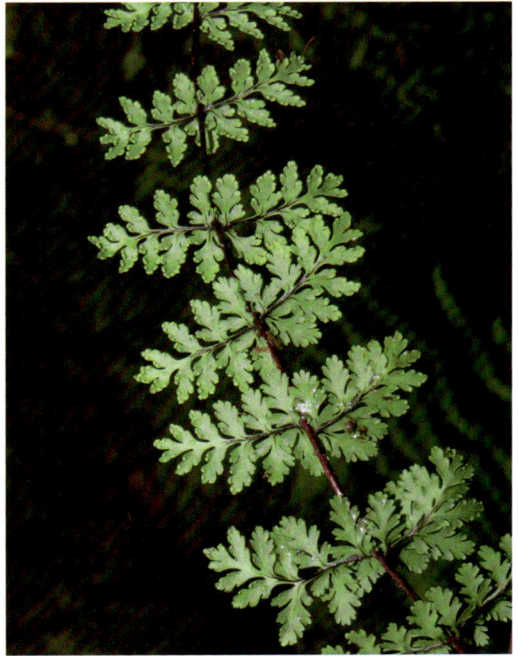

薄叶碎米蕨

Cheilanthes tenuifolia (N. L. Burman) Swartz, Syn. Fil. 129, 332. 1806.

该种叶片常五边形，柔软，基部一对羽片大于上部羽片。

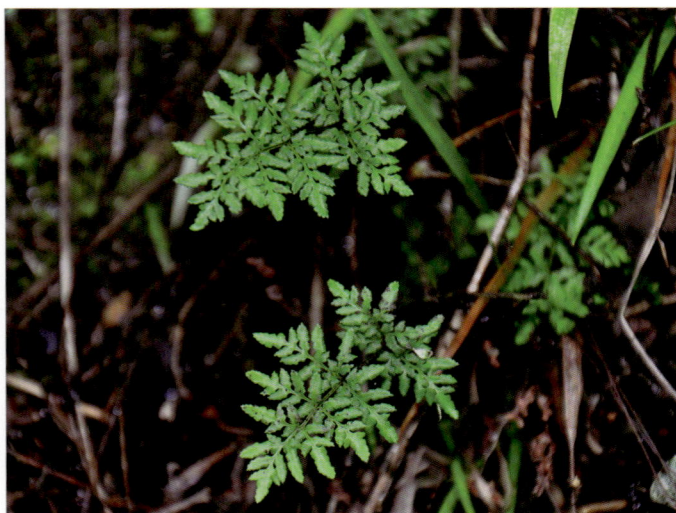

凤了蕨属 *Coniogramme* Fee

峨眉凤了蕨

Coniogramme emeiensis Ching & K. H. Shing, Acta Bot. Yunnan. 3: 223. 1981.

叶脉分离，羽片通直。显著特征是羽片上有黄色条纹。

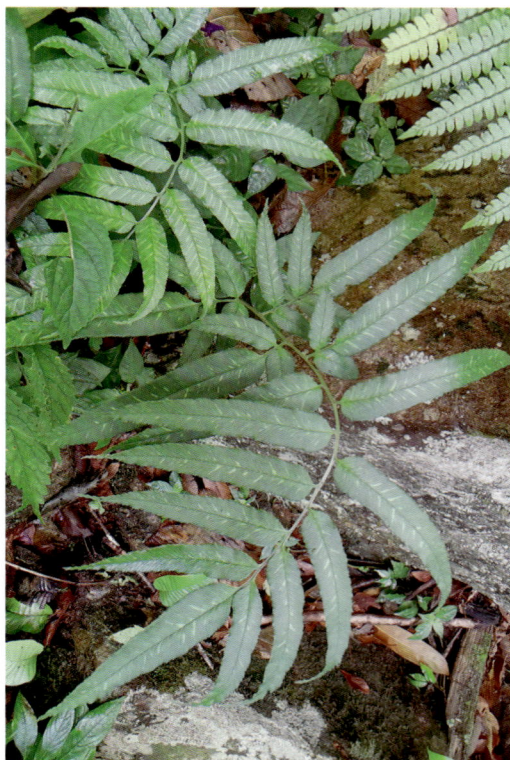

镰羽凤了蕨

Coniogramme falcipinna Ching & K. H. Shing, Acta Bot. Yunnan. 3: 224. 1981.

该种形态与峨眉凤了蕨相似，但羽片无条纹，羽片弓形或镰刀状。

普通凤了蕨

Coniogramme intermedia Hieronymus, Hedwigia. 57: 301. 1916.

基部羽片一回羽状。小羽片狭长平展，叶脉分离，水囊延伸至齿牙，叶背有毛。

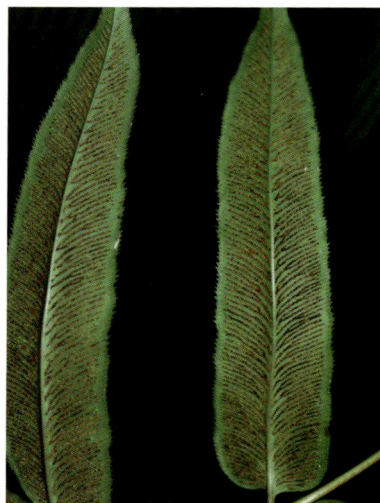

无毛凤了蕨

Coniogramme intermedia var. *glabra* Ching, Icon. Filic. Sin. 3: t. 143. 1935.

该种与普通凤了蕨相似，区别在于本种叶背光滑，羽片阔披针形。

凤了蕨

Coniogramme japonica (Thunberg) Diels in Engler & Prantl, Nat. Pflanzenfam. 1(4): 262. 1899.

叶脉联合，在主脉两侧形成 1 ～ 2 排连续的网眼。

井冈山凤了蕨

Coniogramme jinggangshanensis Ching & K. H. Shing, Acta Bot. Yunnan. 3: 238. 1981.

叶脉联合，在主脉两侧形成 1 ～ 2 个网眼，叶柄栗色。

直角凤了蕨

Coniogramme procera Fée, Mem. Soc. Sci. Nat. Strasbourg. 6(1): 22. 1865.

叶脉分离，基部羽片与叶轴垂直，水囊延伸至叶缘齿牙。小羽片背面光滑。

黑轴凤了蕨

Coniogramme robusta (Christ) Christ, Bull. Acad. Int. Géogr. Bot. 19: 175. 1909.

叶一回羽状，叶脉分离，水囊不延伸至叶缘齿牙，叶柄叶轴棕色至黑色。

乳头凤了蕨

Coniogramme rosthornii Hieronymus, Hedwigia. 57: 307. 1916.

该种与直角凤了蕨相似，区别在于本种小羽片背面密生乳头状突起。

紫柄凤了蕨

Coniogramme sinensis Ching, Fl. Tsinling. 2: 210. 1974.

《中国生物物种名录 2024 版》中记载分布于浙江，未检索到标本。

疏网凤了蕨

Coniogramme wilsonii Hieronymus, Hedwigia. 57: 321. 1916.

该种与井冈山凤了蕨相似，区别在于本种叶柄黄色，小脉在主脉两侧各形成 1 排不规则间断的网眼。

书带蕨属 *Haplopteris* C. Presl

剑叶书带蕨

Haplopteris amboinensis (Fée) X. C. Zhang, Ann. Bot. Fenn. 40: 460. 2003.
囊群线近边缘，表面生，叶片边缘通直。

华中书带蕨

Haplopteris centrochinensis (Ching ex J. F. Cheng) Y. H. Yan, Z. Y. Wei & X. C. Zhang, PhytoKeys 178: 90, figs. 1-3. 2021.
该种与平肋书带蕨相似，但鳞片边缘具有明显的微齿。

唇边书带蕨

Haplopteris elongata (Sw.) E. H. Crane, Syst. Bot. 22: 514. 1998.
孢子囊群边缘生，向外张开。

书带蕨

Haplopteris flexuosa (Fée) E. H. Crane, Syst. Bot. 22: 514. 1998.

孢子囊群近边缘，陷于边缘和中肋间纵沟。叶宽不足 5mm，边反卷。

平肋书带蕨

Haplopteris fudzinoi (Makino) E. H. Crane, Syst. Bot. 22: 514. 1998.

孢子囊群近边缘。叶宽 5mm 以上，边反卷，上面中肋两侧有凹槽。

广叶书带蕨

Haplopteris taeniophylla (Copel.) E. H. Crane, & X.C. Zhang, Syst. Bot. 22: 514. 1998.

孢子囊群近边缘，表面生。叶宽 5 ～ 12mm，囊群线与叶边中间有宽不育带。

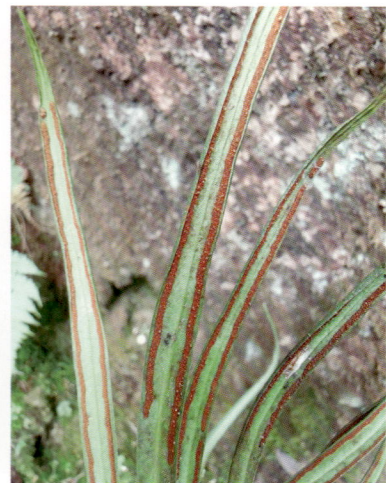

金粉蕨属 *Onychium* **Kaulfuss**

野雉尾金粉蕨

Onychium japonicum (Thunberg) Kunze, Bot. Zeitung (Berlin). 6: 507. 1848.

叶柄基部以上为禾秆色，基部有时暗棕色。

栗柄金粉蕨

Onychium japonicum var. *lucidum* (D. Don) Christ, Bull. Soc. Bot. France. 52 (Mém. 1): 60. 1905.

叶柄栗色，有时延伸至叶轴。

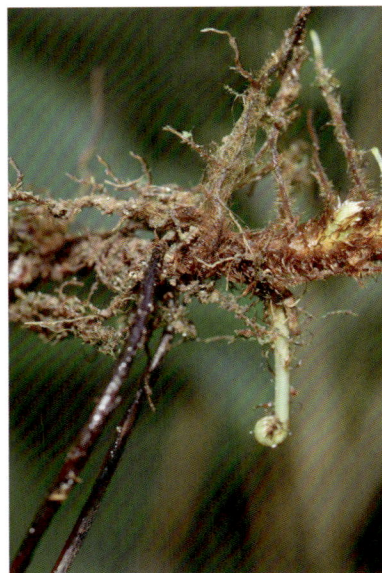

金毛裸蕨属 *Paragymnopteris* K.H. Shing

川西金毛裸蕨

Paragymnopteris bipinnata var. *auriculata* (Franch.) K. H. Shing, Indian Fern J. 10: 230. 1994.

《中国生物物种名录 2024 版》中无分布记录，标本采自山东。叶片一至二回羽状，叶背密被绢毛。

粉叶蕨属 *Pityrogramma* Link

粉叶蕨

Pityrogramma calomelanos (Linnaeus) Link, Handbuch. 3: 20. 1833.

叶柄叶轴紫黑色，叶背密被白色粉末。孢子囊成熟时几覆盖叶背，棕色。

凤尾蕨属 *Pteris* Linnaeus

红秆凤尾蕨

Pteris amoena Blume, Enum. Pl. Javae. 2: 210. 1828.

叶柄叶轴栗色，基部羽片基部下侧裂片羽状深长。

线羽凤尾蕨

Pteris arisanensis Tagawa, Acta Phytotax. Geobot. 5: 102. 1936.

叶柄基部棕色，上部连同叶轴禾秆色；相邻裂片基部小脉形成狭三角形，多分离，有时联合成网眼。

华南凤尾蕨

Pteris austrosinica (Ching) Ching, Acta Phytotax. Sin. 10: 302. 1965.

叶片分为三枝，叶柄叶轴红棕色，小羽轴两侧各一排网眼，叶背具红棕色毛。

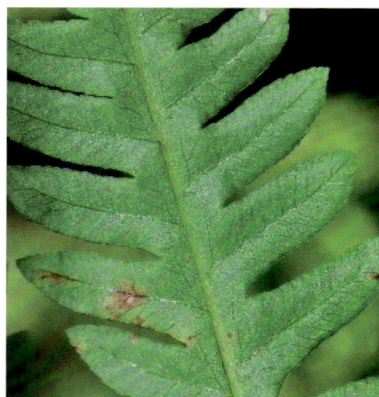

狭眼凤尾蕨

Pteris biaurita L., Sp. Pl. 2: 1076. 1753.

基部羽片基部下侧具一片小羽片，叶柄叶轴禾秆色，羽轴两侧具狭长网眼。

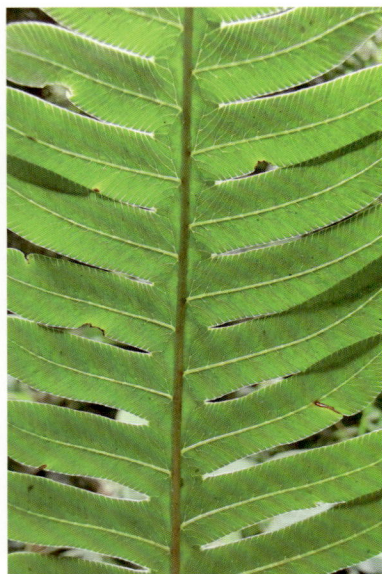

条纹凤尾蕨

Pteris cadieri Christ, J. Bot. 19: 72. 1905.

叶片二型，三叉状，不育叶羽片篦齿状，可育叶一回羽状或近掌状。

欧洲凤尾蕨

Pteris cretica Linnaeus, Mant. Pl. 1: 130. 1767.

叶二型，叶柄多为禾秆色，光滑；不育叶羽片边缘有锯齿，平直，可育叶全缘。

粗糙凤尾蕨

Pteris cretica var. *laeta* (Wallich ex Ettingshausen) C. Christensen & Tardieu, Notul. Syst. (Paris). 6: 137. 1937.

该种与欧洲凤尾蕨相近，曲别在叶柄粗糙，不育叶边缘波状。

岩凤尾蕨

Pteris deltodon Baker, J. Bot. 26: 226. 1888.

羽片奇数羽状或三叉状，顶生羽片无柄；侧生羽片上斜，对生。

刺齿半边旗

Pteris dispar Kunze, Bot. Zeitung (Berlin). 6: 539. 1848.

羽片不对称，有长尾。羽片下侧篦齿状，上侧几无裂片，裂片顶端有刺齿。

剑叶凤尾蕨

Pteris ensiformis N. L. Burman, Fl. Indica. 230. 1768.

叶显著二型，亮绿色；不育叶羽片短，顶端钝圆，有齿；可育叶羽片狭长。

阔叶凤尾蕨

Pteris esquirolii Christ, Notul. Syst. (Paris). 1: 50. 1909.

该种与欧洲凤尾蕨相似，但株型更高大，叶近革质，叶柄有时有刺突。

傅氏凤尾蕨

Pteris fauriei Hieronymus, Hedwigia. 55: 345. 1914.

基部羽片基部下侧一裂片羽状，侧脉两侧明显，基部下侧一脉出自羽轴。

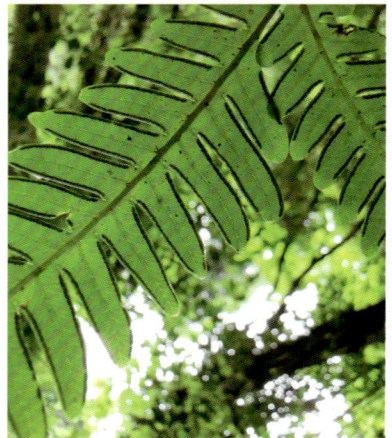

百越凤尾蕨

Pteris fauriei var. *chinensis* Ching & S. H. Wu, Acta Bot. Austro Sin. 1: 10. 1983.

该种与傅氏凤尾蕨近似，区别在于羽片更宽，披针形而不是镰状。

疏裂凤尾蕨

Pteris finotii Christ, J. Bot. (Morot). 19:72-73. 1905.

该物种在《中国生物物种名录 2024 版》无记载，为华东新记录分布。叶片自叶柄顶端分为三枝，网眼沿小羽轴和裂片主脉两侧分布。

林下凤尾蕨

Pteris grevilleana Wall. ex J. Agardh, Recens. Spec. Pter. 23. 1839.

叶同型，能育叶柄明显长于不育叶，羽片常 5 片，掌状，先端尾状，基部一对羽片基部二叉状。

中华凤尾蕨

Pteris inaequalis Baker, J. Bot. 13: 199. 1875.

侧生羽片不对称，上侧裂片有时缺失，基部下侧羽片几不下延。

全缘凤尾蕨

Pteris insignis Mettenius ex Kuhn, J. Bot. 1868: 269. 1868.

叶一回羽状，羽片全缘，有软骨质边，顶生羽片有柄，不下延。

平羽凤尾蕨

Pteris kiuschiuensis Hieronymus, Hedwigia. 55: 341. 1914.

基部羽片基部具 1 ～ 2 小羽片，上部羽片平展或略上斜，基部最宽，具尾尖。

华中凤尾蕨

Pteris kiuschiuensis var. *centrochinensis* Ching & S. H. Wu, Acta Bot. Austro Sin. 1: 10. 1983.
该种与平羽凤尾蕨相近，但羽片通常斜展，宽近 4cm。

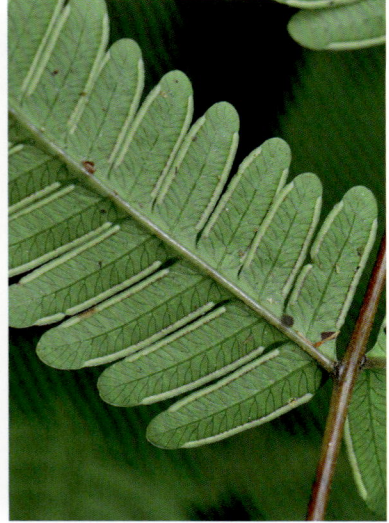

两广凤尾蕨

Pteris maclurei Ching, Bull. Dept. Biol. Sun Yatsen Univ. 6. 28. 1933.
叶柄栗色，羽轴两侧翅宽约 5mm，基部 1～3 对羽片基部裂片为篦齿状。

井栏边草

Pteris multifida Poiret in Lamarck, Encycl. 5: 714. 1804.

叶二型，顶端羽片基部沿叶轴下延形成狭翅，可育叶羽片狭线形，不育叶羽片边缘常波状。

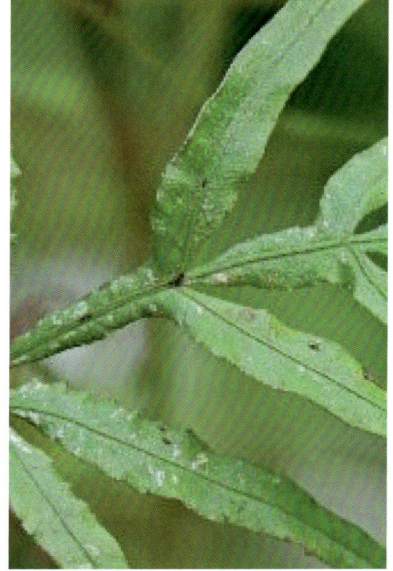

江西凤尾蕨

Pteris obtusiloba Ching & S. H. Wu, Acta Bot. Austro Sin. 1: 11. 1983.

该种与平羽凤尾蕨相近，但羽片斜展，中部最宽。

斜羽凤尾蕨

Pteris oshimensis Hieronymus, Hedwigia. 55: 367. 1914.
侧生羽片斜向上，基部最宽，篦齿状深裂几达羽轴，具尾尖。

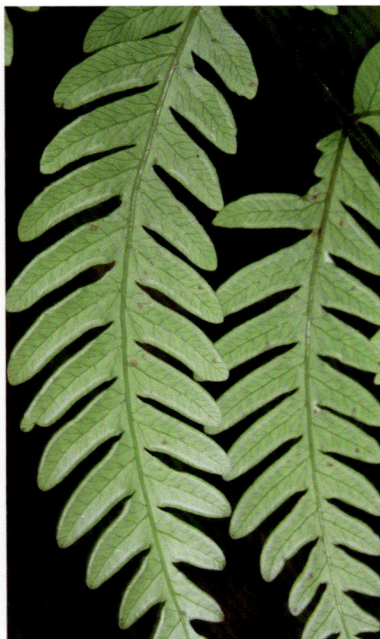

栗柄凤尾蕨

Pteris plumbea Christ, Notul. Syst. (Paris). 1: 49. 1909.
该种与井栏边草相近，但叶柄连同叶轴为栗色，顶端羽片不下延。

半边旗

Pteris semipinnata Linnaeus, Sp. Pl. 2: 1076. 1753.

该种比刺齿半边旗株型大，不育裂片具锯齿，可育裂片顶端有齿。

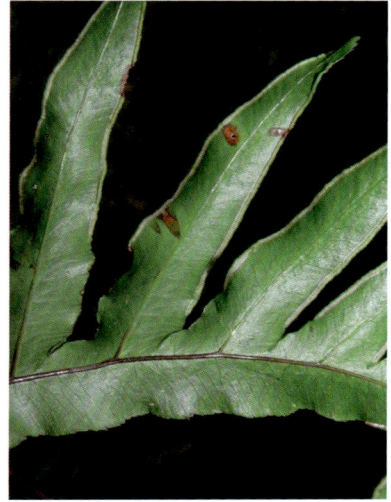

溪边凤尾蕨

Pteris terminalis Wallich ex J. Agardh, Recens. Spec. Pter. 20. 1839.

叶二回深羽裂，羽片先端尾状，裂片镰刀状，基部下侧裂片较长。

蜈蚣凤尾蕨

Pteris vittata Linnaeus, Sp. Pl. 2: 1074. 1753.

叶一回羽状，羽片可多达 40 对，基部羽片逐渐收缩，具顶生羽片。

西南凤尾蕨

Pteris wallichiana J. Agardh, Recens. Spec. Pter. 69. 1839.

叶片自叶柄顶端分三枝，侧生两枝又分枝，叶柄和叶轴具棕色毛。

圆头凤尾蕨

Pteris wallichiana var. *obtusa* S. H. Wu, Acta Bot. Austro Sin. 1: 15. 1983.

该种比西南凤尾蕨小型，叶柄叶轴几无毛，裂片钝头。

冷蕨科
Cystopteridaceae

分属检索表

1. 囊群无盖⋯⋯⋯⋯⋯⋯⋯⋯⋯⋯⋯⋯⋯⋯⋯⋯⋯⋯⋯⋯⋯⋯羽节蕨属 *Gymnocarpium*

1. 囊群有盖⋯⋯⋯⋯⋯⋯⋯⋯⋯⋯⋯⋯⋯⋯⋯⋯⋯⋯⋯⋯⋯⋯⋯⋯⋯⋯⋯⋯2

  2. 叶柄和叶片具多细胞的节状毛，囊群盖不明⋯⋯⋯⋯⋯亮毛蕨属 *Acystopteris*

  2. 叶柄和叶片无多细胞的节状毛；囊群盖明显⋯⋯⋯⋯⋯冷蕨属 *Cystopteris*

亮毛蕨属 *Acystopteris* Nakai

亮毛蕨

Acystopteris japonica (Luerssen) Nakai, Bot. Mag. (Tokyo). 47: 180. 1933.

成熟个体叶柄叶轴栗黑色，具节状毛及鳞片，叶片草质，二至三回羽状。

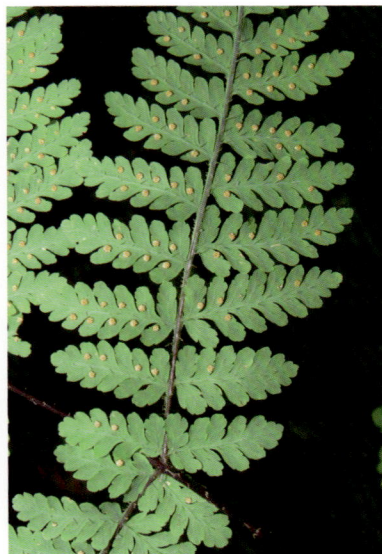

禾秆亮毛蕨

Acystopteris tenuisecta (Blume) Tagawa, Acta Phytotax. Geobot. 7(2): 73. 1938.

叶柄叶轴浅禾秆色，密被透明节状毛。

冷蕨属 *Cystopteris* Bernhardi

冷蕨

Cystopteris fragilis (Linnaeus) Bernhardi in Schrader, Neues J. Bot. 1(2): 26. 1805.

叶柄纤细，叶柔软，常生于石灰岩土壤。

羽节蕨属 *Gymnocarpium* Newman

东亚羽节蕨

Gymnocarpium oyamense (Baker) Ching, Contrib. Biol. Lab. Sci. Soc. China, Bot. Ser. 9: 40. 1933.

叶一回羽裂，基部一对裂片下斜后上弯。囊群长圆形。

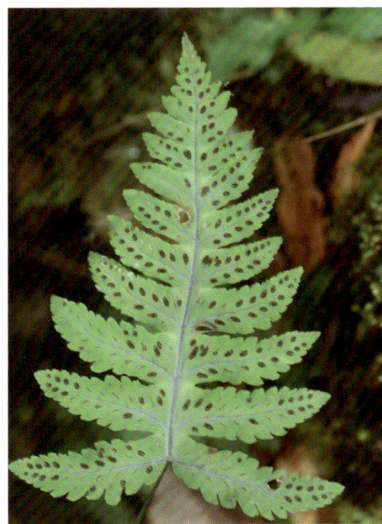

轴果蕨属 *Rhachidosorus* Ching

轴果蕨

Rhachidosorus mesosorus (Makino) Ching, Acta Phytotax. Sin. 9: 74. 1964.

叶柄叶轴红棕色，有光泽。囊群紧靠小羽片中肋或裂片主脉。

24

肠蕨科
Diplaziopsidaceae

肠蕨属 *Diplaziopsis* C. Christensen

川黔肠蕨

Diplaziopsis cavaleriana (Christ) C. Christensen, Index Filic., Suppl. 1906-1912: 25. 1913.

羽片渐尖，几无柄。囊群粗线形，基部紧接主脉。

铁角蕨科
Aspleniaceae

分属检索表

1. 根茎直立或短横走，叶远生或簇生，单叶至四回羽状 ⋯⋯⋯铁角蕨属 *Asplenium*
1. 根茎长横走，叶远生，稀单叶，通常一回羽状 ⋯⋯⋯⋯⋯⋯⋯⋯⋯⋯⋯⋯⋯⋯⋯⋯⋯⋯⋯⋯⋯⋯⋯⋯⋯⋯⋯⋯⋯⋯⋯⋯⋯⋯⋯膜叶铁角蕨属 *Hymenasplenium*

铁角蕨属 *Asplenium* Linnaeus

广布铁角蕨

Asplenium anogrammoides Christ, Repert. Spec. Nov. Regni Veg. 5: 11. 1908.

叶柄背面深棕色或向叶轴逐渐变绿，正面绿色，叶二回羽状，小羽片无柄，圆头，基部有羽轴合生。

狭翅巢蕨

Asplenium antrophyoides Christ, Bull. Acad. Int. Géogr. Bot. 20: 170. 1909. 叶柄极短或无，中肋上面龙骨状，叶片下部逐渐狭缩成阔翅。

华南铁角蕨

Asplenium austrochinense Ching, Bull. Fan Mem. Inst. Biol. 2: 209. 1931.

叶柄下部青灰色，上部禾秆色，叶革质，羽轴两侧有狭翅，小羽片顶部浅裂为 2 ～ 3 个裂片。

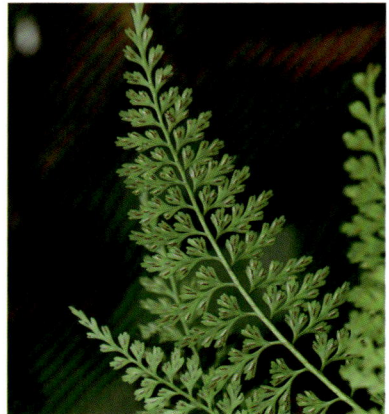

大盖铁角蕨

Asplenium bullatum Wallich ex Mettenius, Abh. Senckenberg. Naturf. Ges. 3: 150. 1859.
株高常大于 50cm。羽片斜展，小羽片卵状三角形，钝头。囊群盖椭圆形，全缘。

东海铁角蕨

Asplenium castaneoviride Baker, Ann. Bot. (Oxford). 5: 304. 1891.
叶一回羽状，叶柄纤细，连同叶轴绿色，羽片无柄，基部与叶轴合生，延叶轴以翅相连。

线裂铁角蕨

Asplenium coenobiale Hance, J. Bot. 12: 142. 1874.
叶柄圆形，乌木色，光滑有光泽，叶片长三角形，细裂，三回羽状。

毛轴铁角蕨

Asplenium crinicaule Hance, Ann. Sci. Nat., Bot., sér. 5. 5: 254. 1866.

叶一回羽状，叶柄叶轴深褐色，具较多深褐色鳞片，羽片几无柄。

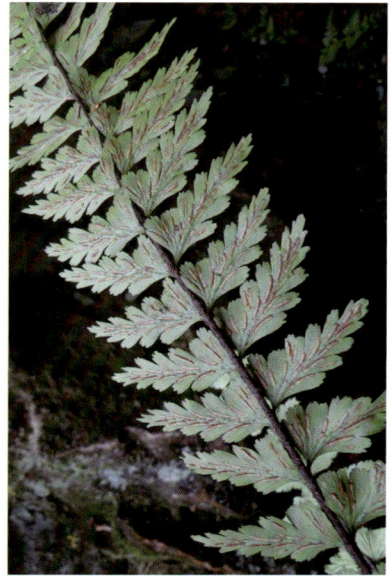

剑叶铁角蕨

Asplenium ensiforme Wallich ex Hooker & Greville, Icon. Filic. 1: t. 71. 1828.

单叶，披针形，渐尖头，中脉上面突起，中间具纵沟。

厚叶铁角蕨

Asplenium griffithianum Hooker, Icon. Pl. 10: t. 928. 1854.

叶片披针形，基部下延成翅，叶柄极短。

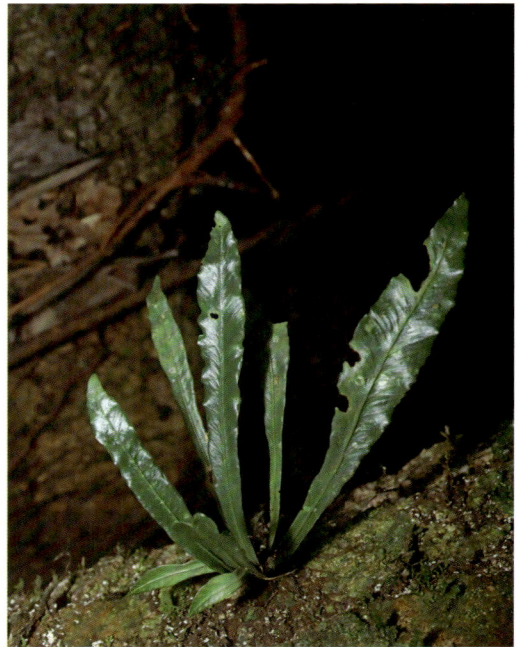

江南铁角蕨

Asplenium holosorum Christ, Bull.
Herb. Boissier. 7: 10. 1899.
该种与剑叶铁角蕨相似，区别在于本种叶急尖，中脉上面圆形，无纵沟。

虎尾铁角蕨

Asplenium incisum Thunberg, Trans.
Linn. Soc. London. 2: 342. 1794.
叶柄远轴面常栗色，连同叶轴具绿色狭翅，叶片薄而柔软。

胎生铁角蕨

Asplenium indicum Sledge, Bull.
Brit. Mus. (Nat. Hist.), Bot. 3: 264.
1965.
叶一回羽状，叶柄叶轴少有鳞片，羽片有短柄，腋间常有芽孢。

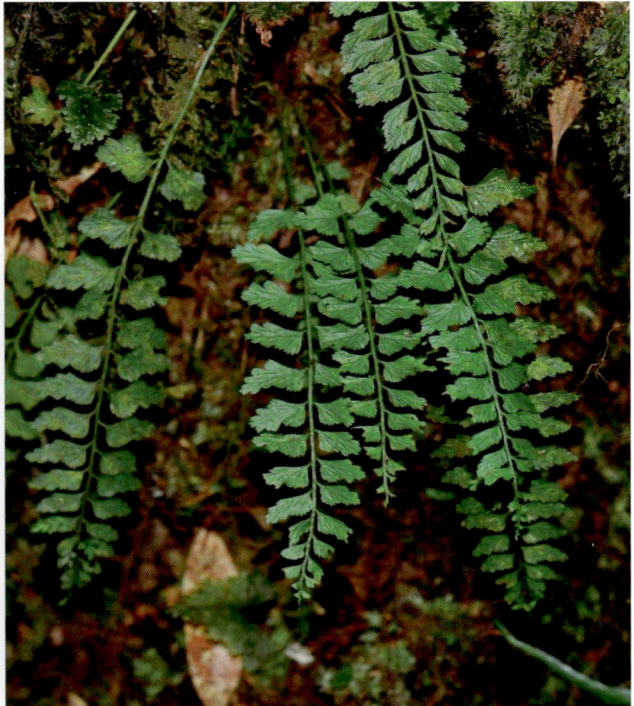

江苏铁角蕨

Asplenium kiangsuense Ching & Y. X. Jing, Fl. Jiangsu. 1: 465. 1977.

《中国生物物种名录2024版》中记录该种分布于福建省、浙江省、江苏省、江西省和安徽省，未检索到标本。

大羽铁角蕨

Asplenium neolaserpitiifolium Tardieu & Ching, Notul. Syst. (Paris) 5(2): 153, pl. 6, f. 1-2. 1936.

叶柄青灰色，叶三回羽状，基部羽片不收缩，羽片有尾头，末回小羽片钝头并有不整齐锯齿。

巢蕨

Asplenium nidus Linnaeus, Sp. Pl. 20: 1079. 1753.

叶近中部最宽，中肋灰白色或褐色，上面平坦。

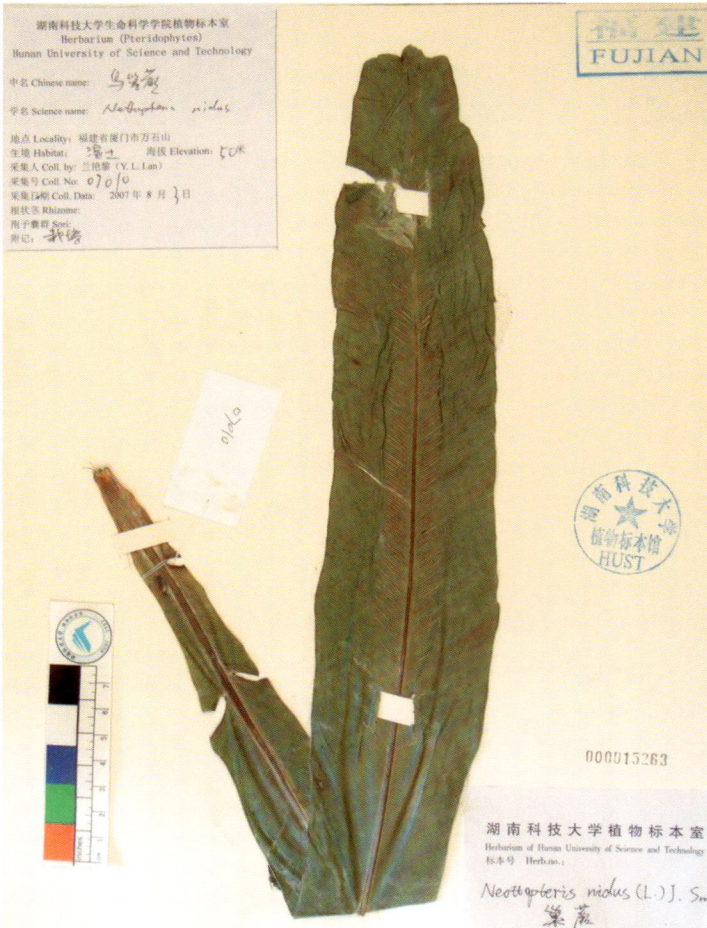

倒挂铁角蕨

Asplenium normale D. Don, Prodr. Fl. Nepal. 7. 1825.

叶柄叶轴栗黑色，叶一回羽状，顶端常有 1 芽孢，羽片无柄，基部上侧略耳状。

东南铁角蕨

Asplenium oldhamii Hance, Ann. Sci. Nat., Bot., sér. 5. 5: 256. 1866.

叶一回羽状，羽片斜方形，尖头，基部对生，叶柄灰黑色。

北京铁角蕨

Asplenium pekinense Hance, J. Bot. 5: 262. 1867.

叶二至三回，叶柄淡绿色，羽片急尖头，小羽片上先出，近圆头，裂片 3 ～ 4 个。

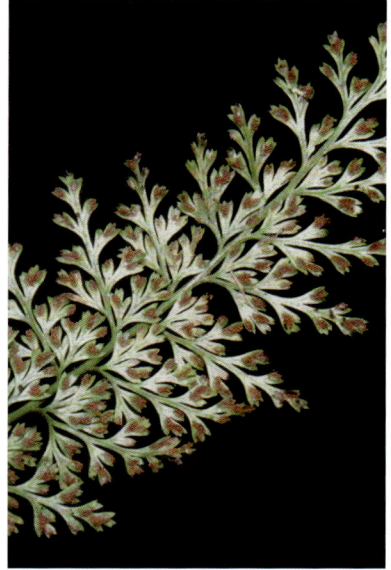

长叶铁角蕨

Asplenium prolongatum Hooker, Sp. Fil. 3(pts. 10-12): 209. Nov 1859-Apr 1860. Sec. Cent. Ferns t. 42. 1860.

叶亮绿色，二回羽状，叶片顶端鞭状生芽孢。

假大羽铁角蕨

Asplenium pseudolaserpitiifolium Ching, Notul. Syst. (Paris). 5: 150. 1936.

叶三回羽状，羽片镰刀状，尾头；小羽片有短柄，渐尖头。

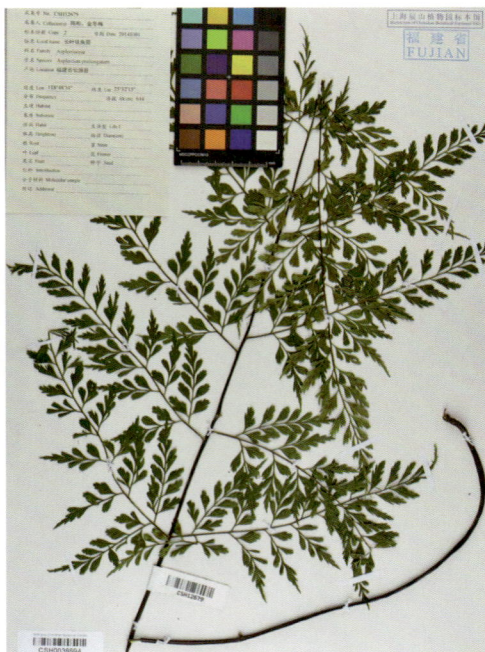

四倍体铁角蕨

Asplenium quadrivalens (D. E. Meyer) Landolt, Fl. Indicativa. 268. 2010.

《中国生物物种名录 2024 版》中记载分布于福建省、浙江省、江苏省、安徽省和江西省，未检索到标本。

骨碎补铁角蕨

Asplenium ritoense Hayata, Icon. Pl. Formosan. 4: 226. 1914.

叶近肉质，亮绿色，形似骨碎补，一个裂片生一个孢子囊群。

过山蕨

Asplenium ruprechtii Sa. Kurata in Namegata & Kurata, Enum. Jap. Pterid. 338. 1961.

叶簇生，披针形，边缘常波状，顶端长鞭状生芽孢。

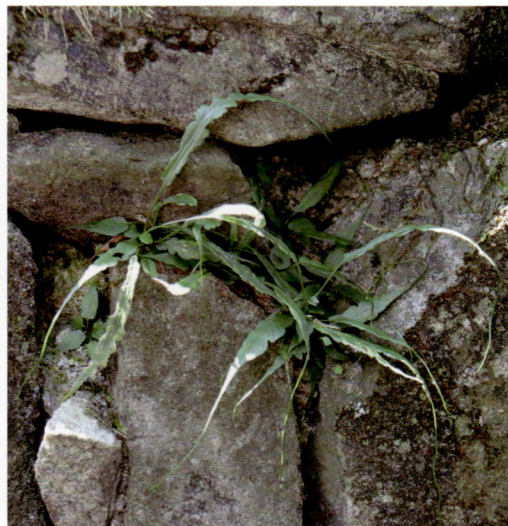

华中铁角蕨

Asplenium sarelii Hooker in Blakiston, Five Months Yang-Tsze. App. VI: 363. 1862.

该种与北京铁角蕨相似，但本种羽片渐尖，每小羽片有 5 ～ 6 个裂片。

 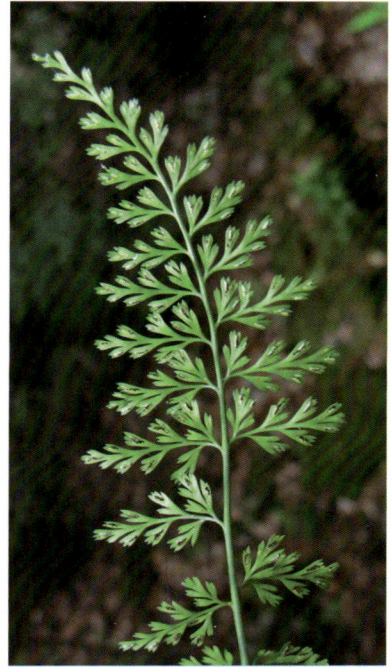

黑边铁角蕨

Asplenium speluncae Christ, Bull. Acad. Int. Géogr. Bot. 13: 113. 1904.

单叶簇生，莲座状，叶缘略波状，圆头，有黑色狭边。

细茎铁角蕨

Asplenium tenuicaule Hayata, Icon. Pl. Formosan. 4: 228. 1914.

叶二回羽状，顶部渐尖，基部羽片略缩短，小羽片浅裂，顶端有圆齿。

钝齿铁角蕨

Asplenium tenuicaule var. *subvarians* (Ching) Viane, Pterid. New Millennium. 100. 2003.

该种与细茎铁角蕨相似，但小羽片顶端齿牙急尖。

铁角蕨

Asplenium trichomanes Linnaeus, Sp. Pl. 2: 1080. 1753.

叶一回羽状，叶柄栗色，叶轴两侧有狭翅，羽片椭圆形，有钝齿，几无柄。

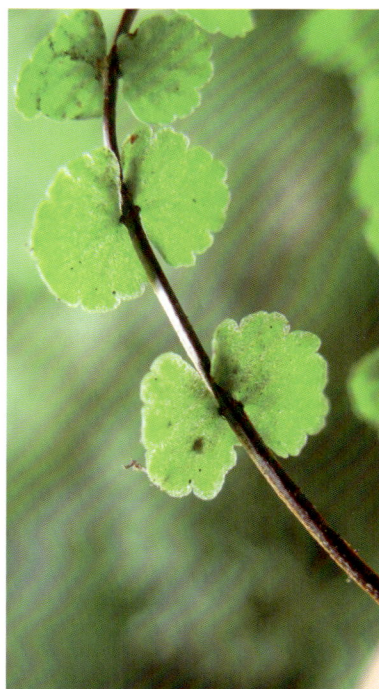

三翅铁角蕨

Asplenium tripteropus Nakai, Bot. Mag. (Tokyo). 44: 9. 1930.

该种与铁角蕨相似，但株型较大，叶轴有 3 条较宽的翅。

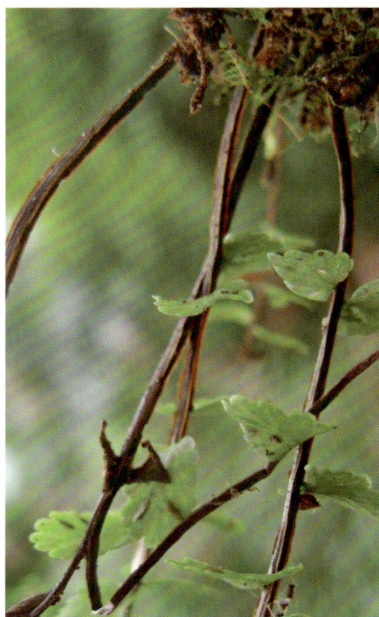

变异铁角蕨

Asplenium varians Wallich ex Hooker & Greville, Icon. Filic. 2: t. 172. 1830.

叶二回羽状，叶柄基部栗色，上部绿色，小羽片顶端 6 ～ 8 个小锯齿。

闽浙铁角蕨

Asplenium wilfordii Mettenius ex Kuhn, Linnaea. 26: 94. 1869.

叶三至四回羽状，叶柄淡绿色，疏被鳞片，叶轴常有少量小鳞片。

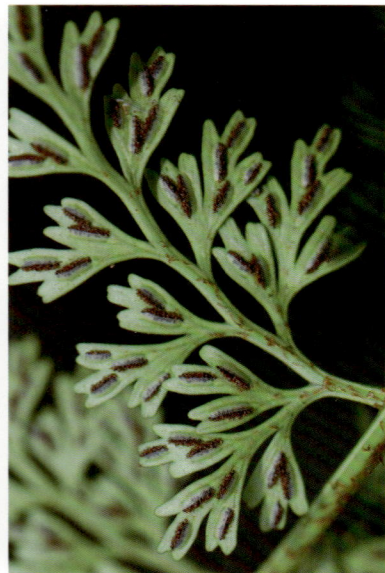

狭翅铁角蕨

Asplenium wrightii Eaton ex Hooker, Sp. Fil. 3: 113. 1860.

叶一回羽状，羽片尾状渐尖，基部上侧略耳状，叶轴中部以上两侧具狭翅。

棕鳞铁角蕨

Asplenium yoshinagae Makino, Phan. Pter. Jap. Icon. t. 64. 1900.

该种与胎生铁角蕨相似，但株型小，下部羽片叶腋有芽孢。

膜叶铁角蕨属 *Hymenasplenium* Hayata

齿果膜叶铁角蕨

Hymenasplenium cheilosorum (Kunze ex Mettenius) Tagawa, Acta Phytotax. Geobot. 7: 84. 1938.

叶柄紫黑色，羽片圆头，下侧平截，上侧浅裂，每裂片有 2 齿。囊群生于齿内。

绿秆膜叶铁角蕨

Hymenasplenium obscurum (Blume) Tagawa.

叶顶端尾状，叶柄灰绿，基部下侧叶脉缺 3 条以上，下缘上部及上缘有粗齿。

中华膜叶铁角蕨

Hymenasplenium sinense K.W.Xu, Li Bing Zhang & W.B.Liao, Phytotaxa 358: 17. 2018.

该种与培善膜叶铁角蕨相似，但本种羽片短尖头，上部粗锯齿。

培善膜叶铁角蕨

Hymenasplenium wangpeishanii Li Bing Zhang & K.W.Xu, Phytotaxa 358: 22. 2018.

该种与绿秆膜叶铁角蕨相似，但本种叶柄栗色，叶基部下侧缺失叶脉少于 3 条。

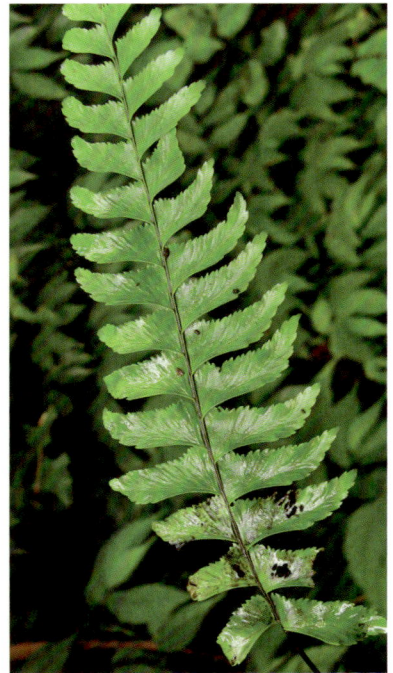

金星蕨科
Thelypteridaceae

分属检索表

1. 叶轴近轴面不具沟槽，叶脉在到达叶片边缘前联合 ·················2
  2. 叶片卵状至披针形，具明显的囊群盖，鳞片只生于叶柄基部·················
    ····················凸轴蕨属 *Metathelypteris*
  2. 叶片齿状、卵状或披针形，囊群盖不明显或无盖，鳞片在叶柄和叶轴上有
    分布 ·····················3
    3. 羽（裂）片大多联合，叶片羽裂或一回羽状，叶柄鳞片边缘具有刚毛······
      ····················卵果蕨属 *Phegopteris*
    3. 羽片分离，叶片一至二回羽状或更多回，叶柄鳞片边缘和表面均具刚毛··
      ····················4
      4. 羽片大多对生，无囊群盖，叶柄鳞片质地均匀，叶上有单细胞毛·········
        ····················紫柄蕨属 *Pseudophegopteris*
      4. 羽片大多互生，有或无囊群盖，叶柄鳞片基部加厚，叶上具多细胞毛
        ····················针毛蕨属 *Macrothelypteris*

分属检索表

星毛蕨属　*Ampelopteris* Kunz

星毛蕨

Ampelopteris prolifera (Retzius) Copeland, Gen. Fil. 144. 1947.

叶一回，羽片边缘波状，几无柄，腋间有鳞芽，并由此长出一回羽状小叶。

栗金星蕨属　*Coryphopteris* Holttum

钝角栗金星蕨

Coryphopteris angulariloba (Ching) Ching, Acta Phytotax. Sin. 8: 304. 1963.

根状茎短而横走，叶柄下部具外展针状毛。囊群盖密被刚毛。

毛脚栗金星蕨

Coryphopteris hirsutipes Holttum, Companion Handb. Ferns Brit. India 203. 1974.

叶背具紫红色腺体，叶柄基部具针状毛。囊群盖光滑。该种为华东新分布记录。

光脚栗金星蕨

Coryphopteris japonica (Baker) Ching, Acta Phytotax. Sin. 8: 301. 1963.
叶背具紫色腺体，叶柄基部光滑。囊群盖具柔毛。

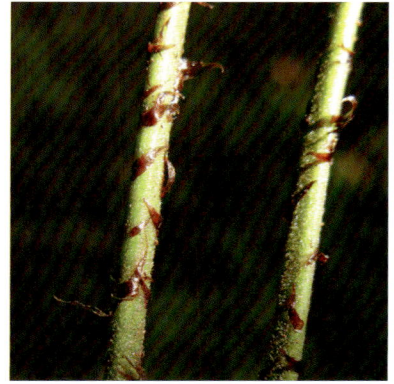

钩毛蕨属 *Cyclogramma* Tagawa

狭基钩毛蕨

Cyclogramma leveillei (Christ) Ching, Acta Phytotax. Sin. 8: 317. 1963.
基部 1 对羽片明显缩短。囊群生于小脉中部。

毛蕨属 *Cyclosorus* Link

渐尖毛蕨

Cyclosorus acuminatus (Houttuyn) Nakai, Misc. Pap. Japan. Pl. 15. 1935.
叶背无腺体，裂口下小脉 2 对半，中部羽片基部上侧裂片伸长，羽片渐尖头。

细柄毛蕨

Cyclosorus acuminatus var. *kuliangensis* Ching, Bull. Fan Mem. Inst. Biol., Bot. 8: 192. 1938. 该种与渐尖毛蕨相似，但基部羽片略缩短，羽片急尖头。

干旱毛蕨

Cyclosorus aridus (Don) Tagawa, Bull. Fan Mem. Inst. Biol., Bot. 8: 194. 1938. 叶背具腺体，裂口下 6 对小脉，基部羽片逐渐收缩呈耳状。

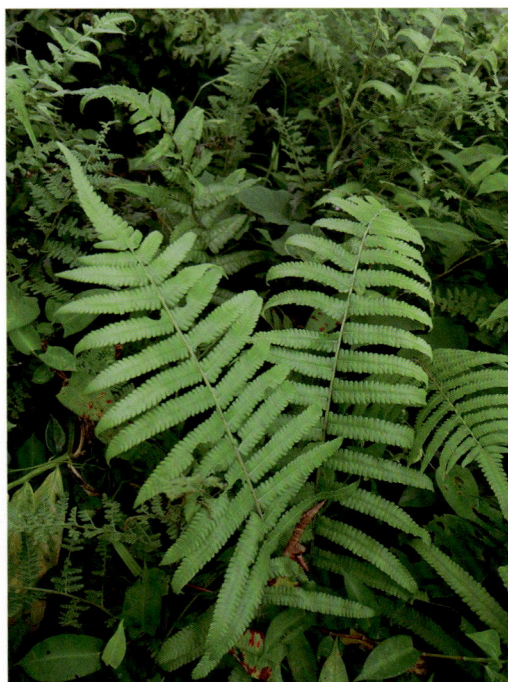

齿牙毛蕨

Cyclosorus dentatus (Forsskål) Ching, Bull. Fan Mem. Inst. Biol., Bot. 8: 206. 1938. 叶背无腺体，羽片两面密被毛，裂口下 1 对半小脉，基部羽片收缩。

福建毛蕨

Cyclosorus fukienensis Ching, Bull. Fan Mem. Inst. Biol., Bot. 8: 209. 1938.

羽片背面有较密棒状腺体，下部羽片收缩，中部羽片基部平截。

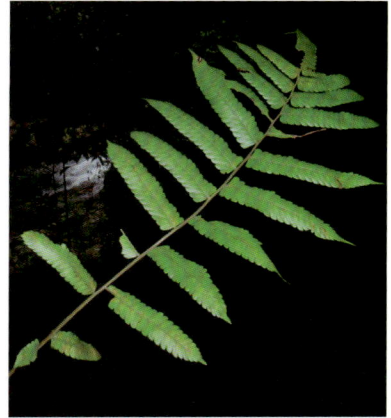

毛蕨

Cyclosorus interruptus (Willdenow) H. Itô, Bot. Mag. (Tokyo). 51: 714. 1937.

叶革质，上面光滑，背面有橙色腺体，羽片羽裂达 1/3，裂口下 2 对小脉。

闽台毛蕨

Cyclosorus jaculosus (Christ) H. Itô, Bot. Mag. (Tokyo). 51: 725. 1937.

基部羽片逐渐缩小成蝶状，裂口下小脉 2 对半，羽片背面通体被椭球形腺体。

宽羽毛蕨

Cyclosorus latipinnus (Bentham) Tardieu, Notul. Syst. (Paris). 7: 73. 1938.

羽片浅裂，几无柄，裂口下小脉 2 对，顶生羽片较长。

华南毛蕨

Cyclosorus parasiticus (Linnaeus) Farwell, Amer. Midl. Naturalist. 12: 259. 1931.

叶二回羽裂，羽片尾状渐尖，裂口下 1 对小脉，叶背面密被橙红色腺体。

小叶毛蕨

Cyclosorus parvifolius Ching, Fl. Fujian. 1: 598. 1982.

植株矮小，羽片 6 ～ 8 对，无柄，短尖头，裂口下 1 对小脉，背面有橙色大腺体。

矮毛蕨

Cyclosorus pygmaeus Ching & C. F. Zhang, Bull. Bot. Res., Harbin. 3(3): 5. 1983.

该种与华南毛蕨相似，但植株较小，羽片不呈尾状，叶背有腺毛。

短尖毛蕨

Cyclosorus subacutus Ching, Fl. Fujian. 1: 598. 1982.

该种与小毛蕨相似，羽片稍多，羽片两面密被针状毛，腺体小。

截裂毛蕨

Cyclosorus truncatus (Poiret) Farwell, Amer. Midl. Naturalist. 12: 259. 1931.

羽片长渐尖头，基部 5 ～ 6 对突然狭缩，裂片圆截头。

茯蕨属 *Leptogramma* J.Sm.

峨眉茯蕨

Leptogramma scallanii (Christ) Ching, Sinensia. 7: 101. 1936.
基部 1 对羽片不狭缩，下部羽片有短柄。

小叶茯蕨

Leptogramma tottoides H. Itô, Bot. Mag. (Tokyo). 49: 434. 1935.

基部 1 对羽片明显比上部长，叶呈戟状。

针毛蕨属　*Macrothelypteris* (H.Ito) Ching

针毛蕨

Macrothelypteris oligophlebia (Baker) Ching, Acta Phytotax. Sin. 8: 308. 1936.

叶草质，柔软，羽片两面无毛。

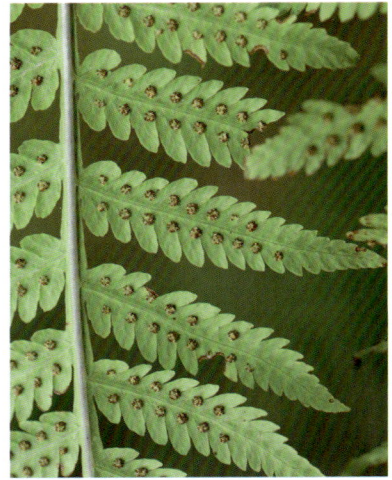

雅致针毛蕨

Macrothelypteris oligophlebia var. *elegans* (Koidzumi) Ching, Acta Phytotax. Sin. 8: 309. 1963.

与针毛蕨相似，但羽片沿肋脉和分肋背面均具灰白色单细胞的针状短毛。

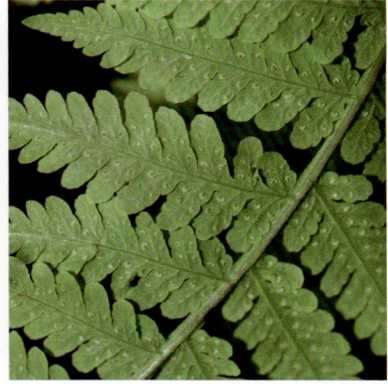

普通针毛蕨

Macrothelypteris torresiana (Gaudichaud) Ching, Acta Phytotax. Sin. 8: 310. 1963.

羽片两面被毛，上部的小羽片上斜。

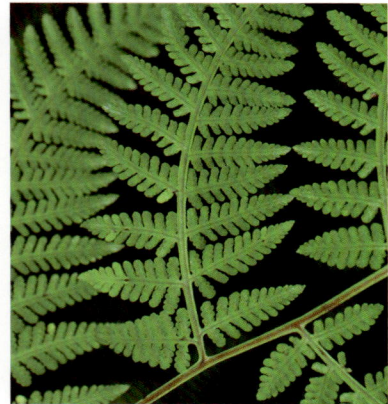

翠绿针毛蕨

Macrothelypteris viridifrons (Tagawa) Ching, Acta Phytotax. Sin. 8: 310. 1963.

叶薄草质，小羽片与中肋相交呈直角，羽片上面无毛，背面具针状毛。

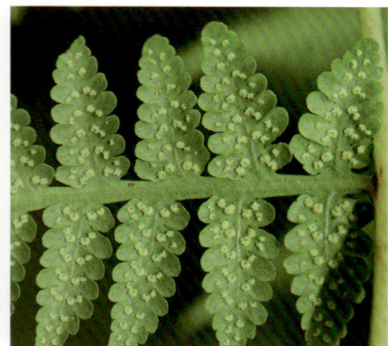

凸轴蕨属 *Metathelypteris* (H. Ito) Ching

微毛凸轴蕨

Metathelypteris adscendens (Ching) Ching, Acta Phytotax. Sin. 8: 306. 1963.

叶薄，二回深羽裂，羽片背面光滑，基部 1～2 对羽片狭缩。

林下凸轴蕨

Metathelypteris hattorii (H. Itô) Ching, Acta Phytotax. Sin. 8: 306. 1963.

叶三回羽裂，两面被毛，下部羽片具短柄，小羽片无柄。

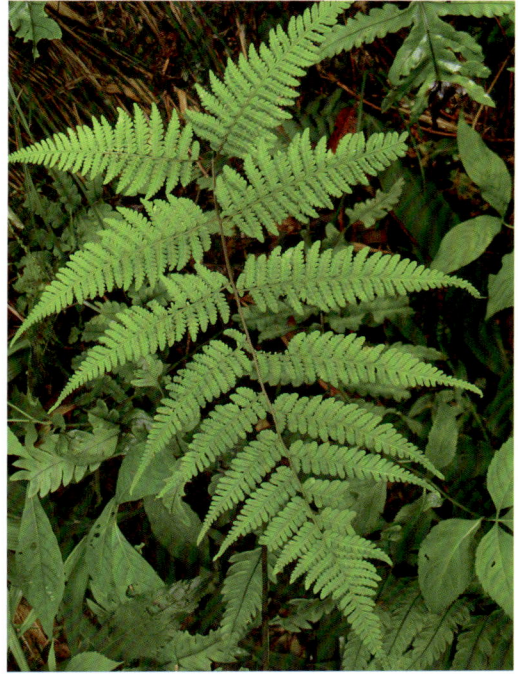

疏羽凸轴蕨

Metathelypteris laxa (Franchet & Savatier) Ching, Acta Phytotax. Sin. 8: 306. 1963.

叶二回深羽裂，羽片基部明显收缩，叶背和羽片中肋密被短毛。

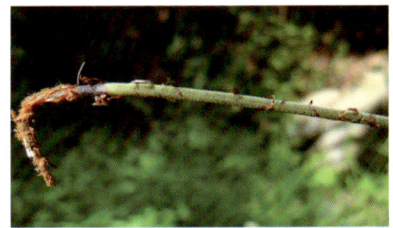

有柄凸轴蕨

Metathelypteris petiolulata Ching ex K. H. Shing, Fl. Reipubl. Popularis Sin. 4(1): 321. 1999.

该种与林下凸轴蕨相似，但下部羽片有长柄，小羽片尾状渐尖。

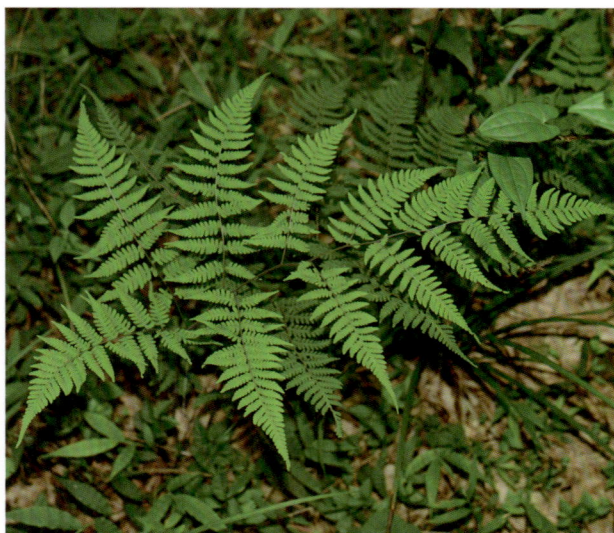

武夷山凸轴蕨

Metathelypteris wuyishanica Ching, Wuyi Sci. J. 1: 5. 1981.

叶片光滑，仅羽轴有柔毛，基部羽片具极短柄。

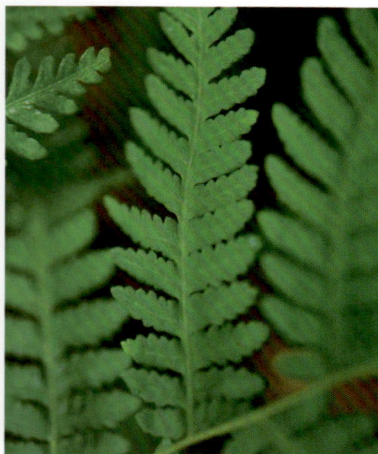

金星蕨属 *Parathelypteris* (H. Ito) Ching

狭叶金星蕨

Parathelypteris angustifrons (Miquel) Ching, Acta Phytotax. Sin. 8: 302. 1963.
基部多对羽片缩短，羽片急尖头。

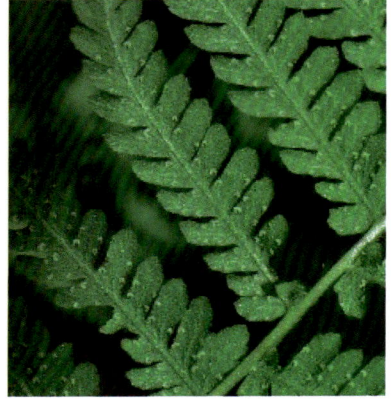

长根金星蕨

Parathelypteris beddomei (Baker) Ching, Acta Phytotax. Sin. 8: 302. 1963.
株高 40cm 以下，叶柄禾秆色，根状茎长而横走，下部 7～9 对羽片渐次缩短成小耳形。

狭脚金星蕨

Parathelypteris borealis (H. Hara) K. H. Shing, Fl. Reipubl. Popularis Sin. 4(1): 37. 1999.
株高大于 40cm，叶柄禾秆色，根茎长而横走，基部 5～8 对羽片狭缩至耳状，最下成瘤状，裂片几达羽轴。

中华金星蕨

Parathelypteris chinensis (Ching) Ching, Acta Phytotax. Sin. 8: 303. 1963.

叶柄棕栗色，背面有腺体无毛，羽片无柄，渐尖尾状。

毛果金星蕨

Parathelypteris chinensis var. *trichocarpa* Ching ex K. H. Shing & J. F. Cheng, Jiangxi Sci. 8(3): 44. 1990.

该种与中华金星蕨相似，但叶背和囊群盖均有毛。

秦氏金星蕨

Parathelypteris chingii K. H. Shing & J. F. Cheng, Jiangxi Sci. 8(3): 44. 1990.

叶背有紫红色腺体，沿羽轴有长针状毛，基部羽片不缩短，羽片渐尖头。

金星蕨

Parathelypteris glanduligera (Kunze) Ching, Acta Phytotax. Sin. 8: 301. 1963.

叶基部羽片不收缩，羽片渐尖头，叶背光滑。

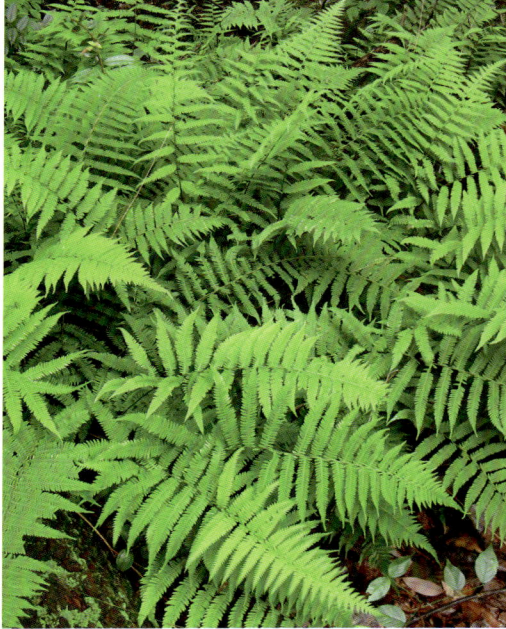

微毛金星蕨

Parathelypteris glanduligera var. *puberula* (Ching) Ching ex K. H. Shing, Fl. Jiangxi. 1: 199. 1993.

该种与金星蕨相似，但叶背密被柔毛。

光叶金星蕨

Parathelypteris japonica var. *glabrata* (Ching) K. H. Shing, Fl. Jiangxi. 1: 201. 1993.

该种与中华金星蕨相似，但叶柄连同叶轴麦秆色，叶背有柔毛。

中日金星蕨

Parathelypteris nipponica (Franchet & Savatier) Ching, Acta Phytotax. Sin. 8: 301. 1963.

叶背偶有橙黄色腺体，根茎长而横走，基部羽片缩短，最下呈瘤状。

卵果蕨属　*Phegopteris* (C. Presl) Fee

延羽卵果蕨

Phegopteris decursive-pinnata (H. C. Hall) Fée, Mém. Foug. 5: 242. 1852.

叶一回羽状，羽片彼此以狭翅相连，基部羽片渐缩小呈耳状。

新月蕨属 *Pronephrium* Presl

小叶新月蕨

Pronephrium gracilis Ching ex Y. X. Lin, Fl. Reipubl. Popularis Sin. 4(1): 308, 352. 1999.

植株无钩状毛，羽片 2～3 对，边缘为波状圆齿。囊群有盖。

红色新月蕨

Pronephrium lakhimpurense (Rosenstock) Holttum, Blumea. 20: 110. 1972.

叶干后常呈紫红色，羽片多对，常全缘，中部最宽。囊群成熟时不汇合。

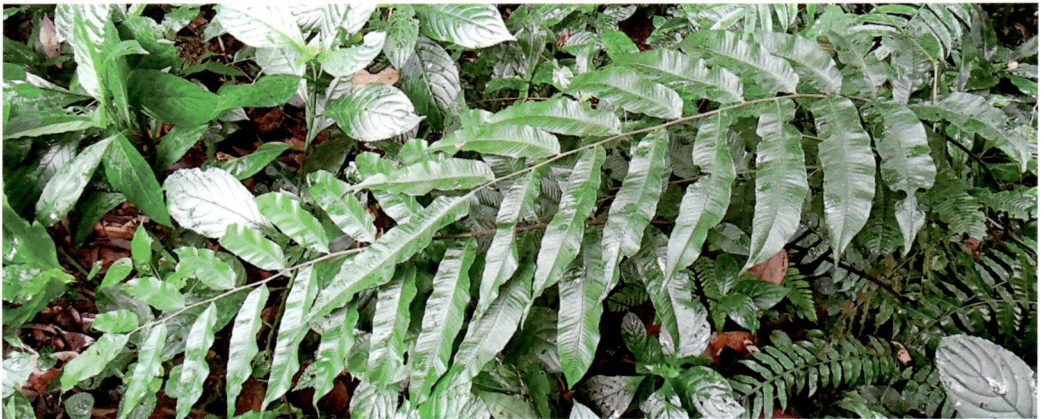

微红新月蕨

Pronephrium megacuspe (Baker) Holttum, Blumea. 20: 122. 1972.

植株有钩状毛，基部羽片明显缩短，羽片先端急狭缩呈长尾头。

披针新月蕨

Pronephrium penangianum (Hooker)
Holttum, Blumea. 20: 110. 1972.
植株无钩状毛，羽片线状披针形，
边缘具锐锯齿，羽片裂片三角状。

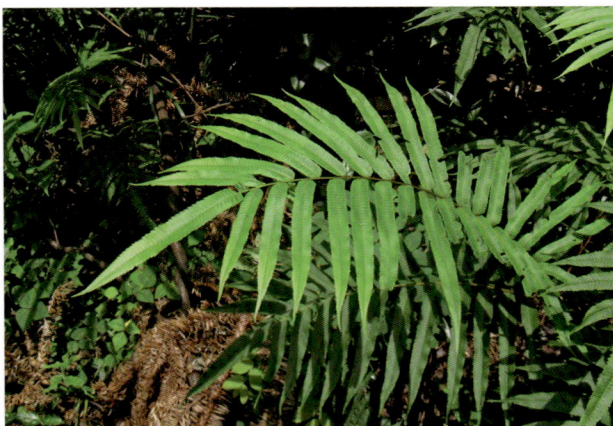

单叶新月蕨

Pronephrium simplex (Hooker) Holttum, Blumea. 20: 122. 1972.
单叶，二型叶，孢子叶柄明显长于不育叶。

三羽新月蕨

Pronephrium triphyllum (Swartz)
Holttum, Blumea. 20: 122. 1972.
叶片常三出状，顶生羽片明显大
于下部 1 对羽片。

假毛蕨属 *Pseudocyclosorus* Ching

普通假毛蕨

Pseudocyclosorus subochthodes (Ching) Ching, Acta Phytotax. Sin. 8: 325. 1963.
下部 3 ～ 4 对羽片突然缩小成耳形，中部羽片长渐尖头，羽裂深达羽轴。

紫柄蕨属 *Pseudophegopteris* Ching

耳状紫柄蕨

Pseudophegopteris aurita (Hooker) Ching, Acta Phytotax. Sin. 8: 314. 1963.
羽片无柄，近基部的羽片的基部 1 对裂片尤其下侧 1 片明显长于相邻的裂片。

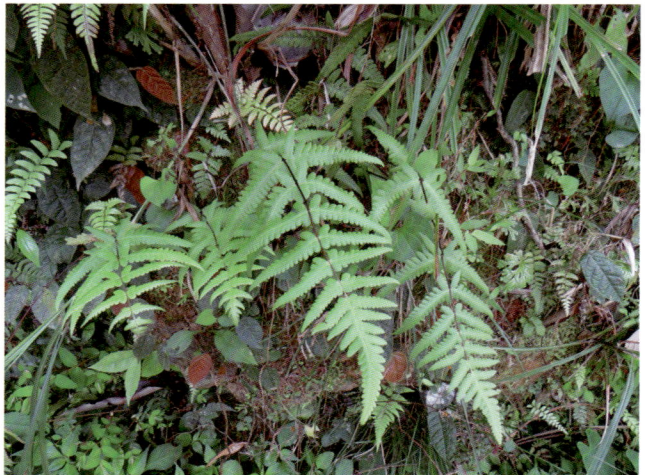

紫柄蕨

Pseudophegopteris pyrrhorhachis (Kunze) Ching, Acta Phytotax. Sin. 8: 313. 1963.

羽片无柄，下部羽片的基部 1 对裂片与其上的裂片同形同大。

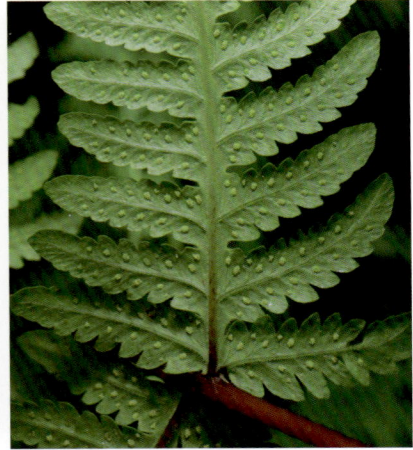

圆腺蕨属 *Sphaerostephanos* Smith

异果圆腺蕨

Sphaerostephanos heterocarpus (Blume) Holttum, Companion Beddome's Handb. Ferns Brit. India 209. 1974.

羽片无柄，下部 5 ～ 10 对缩成耳状，最下部瘤状，叶背具黄色球状腺体。

台湾圆腺蕨

Sphaerostephanos taiwanensis (C. Chr.) Holttum ex C. M. Kuo, Fl. Taiwan 1: 436. 1975.

羽片长尖头，基部 4 ～ 6 对突然缩小成耳片，基部一对几成瘤状。

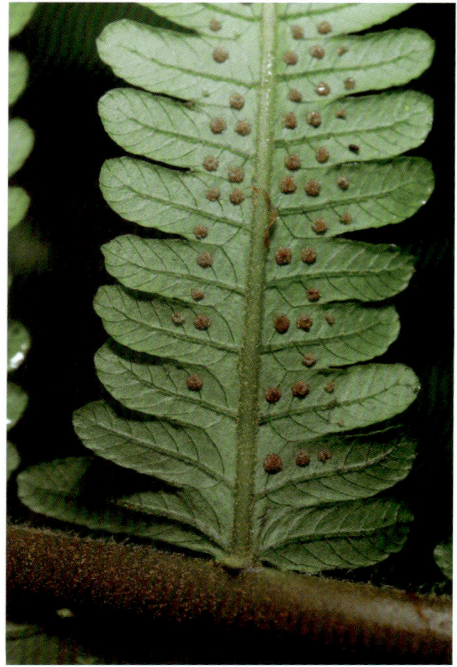

溪边蕨属 *Stegnogramma* Blume

圣蕨

Stegnogramma griffithii (Mett.) K. Iwats., Mem. Coll. Sci. Kyoto Imp. Univ., Ser. B, Biol. 31(1): 20. 1964.

叶片顶端三出，侧生分离羽片 1 ～ 3 对，全缘。

闽浙圣蕨

Stegnogramma mingchegensis (Ching) X. C. Zhang & L. J. He, Glossary Lycopods Ferns 166. 2015.

叶片顶端羽裂状，侧生分离羽片 4 ～ 6 对，边缘波状。

戟叶圣蕨

Stegnogramma sagittifolia (Ching) L. J. He & X. C. Zhang, Lycophytes Ferns China 346. 2012.

叶片戟状，短尖头，下半部浅裂，横向小脉明显。

羽裂圣蕨

Stegnogramma wilfordii (Hook.) Seriz., J. Jap. Bot. 50: 17. 1975.

叶片下部深裂可达叶轴，横向小脉不明显。

沼泽蕨属 *Thelypteris* Schmidel

沼泽蕨

Thelypteris palustris Schott, Gen. Fil. t. 10. 1834.

叶轴、羽轴和叶脉下面无毛。

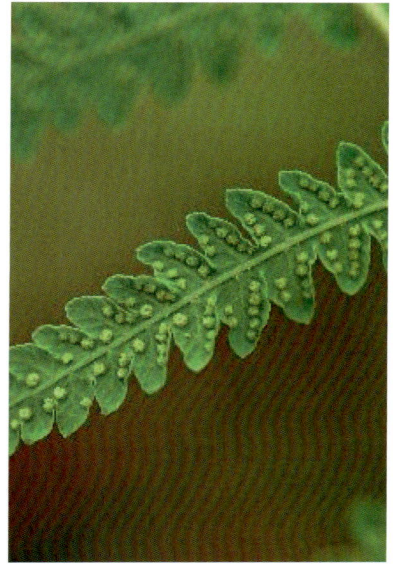

毛叶沼泽蕨

Thelypteris palustris var. *pubescens* (G. Lawson) Fernald, Rhodora. 31: 34. 1929.

叶轴、羽轴和叶脉下面具针状毛。

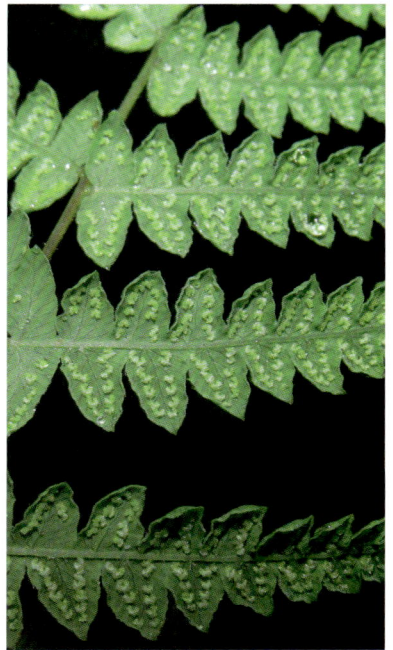

27

岩蕨科
Woodsiaceae

分属检索表

1. 叶柄明显具关节，囊群盖碟形至杯形，边缘具长纤毛 ⋯⋯⋯⋯岩蕨属 *Woodsia*

1. 叶柄连续（无关节），囊群盖球形⋯⋯⋯⋯⋯⋯二羽岩蕨属 *Physematium*

二羽岩蕨属 *Physematium* Kaulfuss

膀胱蕨

Physematium manchuriense (Hook.) Nakai, Bot. Mag. (Tokyo) 39: 176. 1925.
囊群盖圆球形，黄白色膜质，从顶部开口。

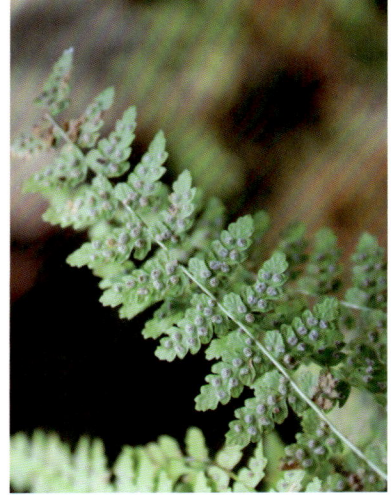

岩蕨属 *Woodsia* R. Brown

东亚岩蕨

Woodsia intermedia Tagawa, Acta Phytotax. Geobot. 5: 250. 1936.
羽片两面密被毛，边缘圆齿状浅裂，基部上侧有明显耳突。

大囊岩蕨

Woodsia macrochlaena Mettenius ex Kuhn, J. Bot. 6: 270. 1868.

仅基部一对羽片分离，羽片浅裂，叶轴密被长毛无鳞片，中脉背面无鳞片。

妙峰岩蕨

Woodsia oblonga Ching & S. H. Wu, Fl. Tsinling. 2: 221. 1974.

该种与东亚岩蕨相似，但羽片少毛。

耳羽岩蕨

Woodsia polystichoides D. C. Eaton, Proc. Amer. Acad. Arts. 4: 110. 1858.

叶柄叶轴中脉背面被鳞片和毛，先端以下羽片分离，全缘或波状，基部上侧有明显的耳突。

28

球子蕨科
Onocleaceae

东方荚果蕨属 *Pentarhizidium* Hayata

东方荚果蕨

Pentarhizidium orientale (Hooker) Hayata, Bot. Mag. (Tokyo). 42: 345. 1928.

叶柄叶轴沟槽不明显，不育叶基部羽片略狭缩。囊群有盖。

29

乌毛蕨科
Blechnaceae

分属检索表

1. 树蕨类，具直立树干状茎，高可达约 1m ···············苏铁蕨属 *Brainea*
1. 根茎横走至近直立植株不类似树蕨 ···2
  2. 囊群至少部分分离，平行于分肋，有时也与中肋和叶轴平行 ···········
  ··狗脊属 *Woodwardia*
  2. 囊群沿侧生羽片中肋两侧形成连续不间断的汇生囊群 ···············3
    3. 叶一型，羽片宽大 ·································乌毛蕨属 *Blechnum*
    3. 叶二型，能育羽片较狭 ····················荚囊蕨属 *Cleistoblechnum*

乌毛蕨属 *Blechnum* Linnaeus

乌毛蕨

Blechnum orientale Linnaeus, Sp. Pl. 2: 1077. 1753.
叶一回羽状，羽片无柄，顶部羽片基部与叶轴合生，下部羽片缩小为圆耳形。

苏铁蕨属 *Brainea* J. Smith

苏铁蕨

Brainea insignis (Hooker) J. Smith, Cat. Ferns Roy. Gard. Kew. 5. 1856.
主茎呈树状，叶一回羽状，羽片基部偏心形，几无柄，叶脉明显。

荚囊蕨属 *Cleistoblechnum* Holttum

荚囊蕨

Cleistoblechnum eburneum (Christ) Gasper & Salino, Phytotaxa 275(3): 207. 2016.
生于石灰岩壁有水处，叶一回羽状，羽片篦齿状，硬革质。

狗脊属 *Woodwardia* J. E. Smith

崇澍蕨

Woodwardia harlandii Hook., Fil. Exot. t. 7(1857).

叶革质，单叶或一回深羽裂，裂片边缘有软骨质边。

狗脊

Woodwardia japonica (Linnaeus f.) Smith, Mém. Acad. Roy. Sci. (Turin). 5: 411. 1793.

叶二回羽裂，下部羽片的基部近对称，收缩，叶轴无芽孢，羽片表面无珠芽。

裂羽崇澍蕨

Woodwardia kempii Copel., Philipp. J. Sci., C, 3: 280(1908).Voy. 275. 1838.

该种与崇澍蕨相近，但裂片多，且裂片羽裂状。

东方狗脊

Woodwardia orientalis Swartz in
Schrader, J. Bot. 1800(2): 76. 1801.
叶二回深羽裂，下部羽片基部下
侧缺 1 裂片，裂片渐尖头。

珠芽狗脊

Woodwardia prolifera Hooker & Arnott , Bot. Beechey.
该种与东方狗脊相近，但本种下部羽片基部下侧缺 1 ～ 3 裂片，叶表有珠芽。

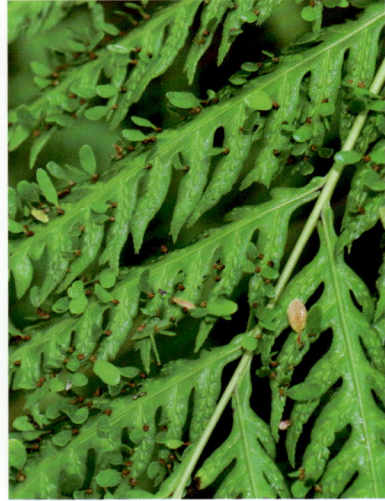

顶芽狗脊

Woodwardia unigemmata (Makino)
Nakai, Bot. Mag. (Tokyo). 39: 103.
1925.
该种明显的特征为叶轴顶端生有
1 大芽孢。

30

蹄盖蕨科
Athyriaceae

分属检索表

1. 叶柄、叶轴、中肋和叶脉具多细胞的毛或近光滑，中肋上面的沟槽基部中断，不与叶轴纵沟汇合 ·······················对囊蕨属 *Deparia*

1. 叶无多细胞的毛，中肋上面的沟槽与叶轴的纵沟贯通 ·······················2

  2. 中肋基部和分肋的近轴面具角状突起，囊群无盖 ···········角蕨属 *Cornopteris*

  2. 中肋基部和分肋无角状突起，囊群大多有盖 ·······················3

    3. 叶脉网结，囊群小圆肾形 ·······················安蕨属 *Anisocampium*

    3. 叶脉分离，囊群细长形、马蹄形 ·······················4

      4. 根状茎斜升至直立；叶柄基部具有膨大的气囊体，叶轴横截面呈 "V" 形；囊群马蹄形、"J" 形或线形 ·······················蹄盖蕨属 *Athyrium*

      4. 根状茎横走；叶柄基部不膨大也无气囊体，叶主轴横截面呈 "U" 形；囊群线形 ·······················双盖蕨属 *Diplazium*

安蕨属 *Anisocampium* C. Presl

日本安蕨

Anisocampium niponicum (Beddome) Yea C. Liu, Taxon 60: 828-829. 2011.
叶二回羽状。孢子囊群常"J"形或马蹄形。

华日安蕨

Anisocampium × *saitoanum* (Sugim.) M. Kato, Taxon. 60: 829. 2011.
叶一回羽状，羽片深裂，弯钩形或马蹄形。

华东安蕨

Anisocampium sheareri (Baker) Ching in Y. T. Hsieh, Acta Bot. Yunnan. 7: 314. 1985.

叶一回羽状，羽片浅裂。孢子囊群圆形。

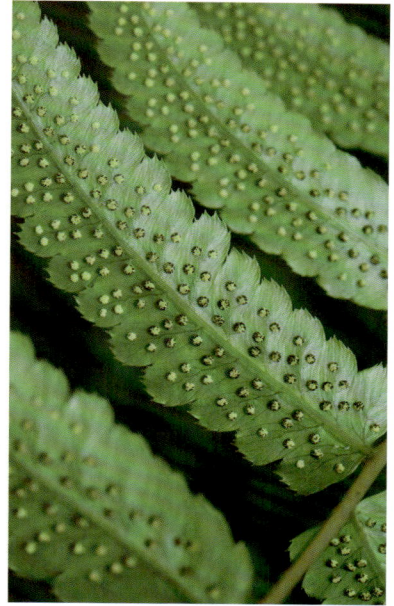

蹄盖蕨属 *Athyrium* Roth

宿蹄盖蕨

Athyrium anisopterum Christ, Bull. Herb. Boissier. 6: 962. 1898.

叶簇生，基部二回羽状，中部一回羽状，叶轴羽轴下面有鳞片。

大叶假冷蕨

Athyrium atkinsonii Beddome, Suppl. Ferns S. Ind. 11. 1876.

叶柄基部黑色，上部及叶轴常紫红色，稍曲折，肉质。孢子囊群圆肾形。

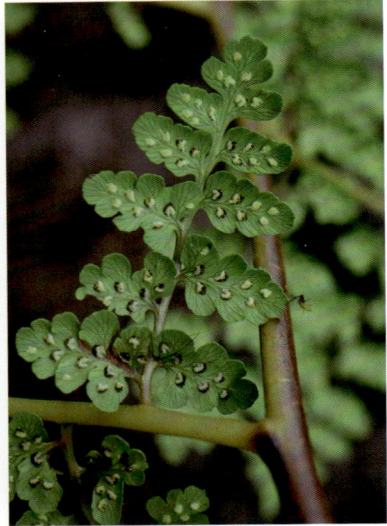

东北蹄盖蕨

Athyrium brevifrons Nakai ex Tagawa, Col. Illustr. Jap. Pteridoph. 180. 1959.

叶二回羽状，羽片近无柄，叶柄叶轴疏被短腺毛。

坡生蹄盖蕨

Athyrium clivicola Tagawa, Acta Phytotax. Geobot. 3: 32. 1934.

叶轴和羽轴常带淡紫红色，光滑，上面两侧有贴伏的短刺。

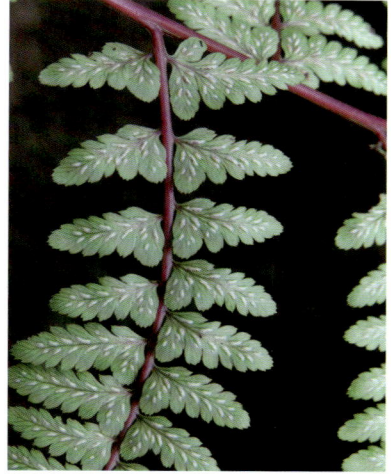

溪边蹄盖蕨

Athyrium deltoidofrons Makino, Bot. Mag. (Tokyo). 28: 178. 1914.

基部羽片近对生，叶轴和中肋禾秆色，上面具极短的刺，背面疏被柔毛。

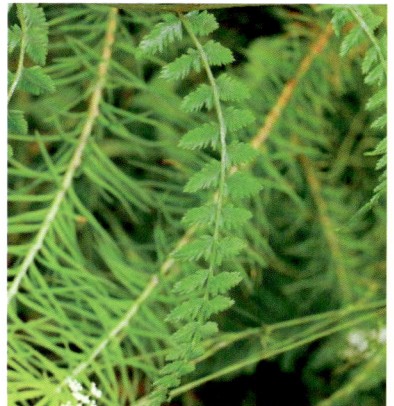

瘦叶蹄盖蕨

Athyrium deltoidofrons var. *gracillimum* (Ching) Z. R. Wang, Fl. Reipubl. Popularis Sin. 3(2): 186. 1999.

本种与溪边蹄盖蕨区别在于植株瘦弱，基底小羽片上先出，裂片边缘锯齿有尖刺头，叶轴和中背面光滑。

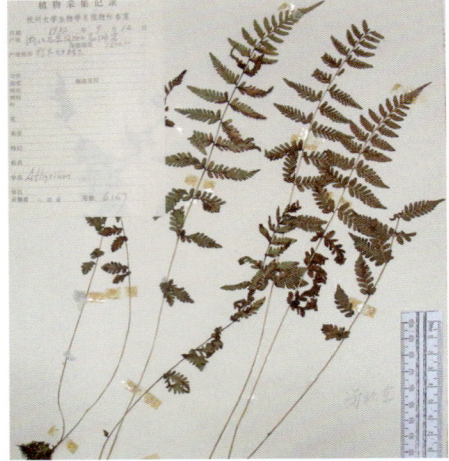

湿生蹄盖蕨

Athyrium devolii Ching, Sunyatsenia. 3: 1. 1935.

羽片常平展，小羽片向下反折。孢子囊群马蹄形。

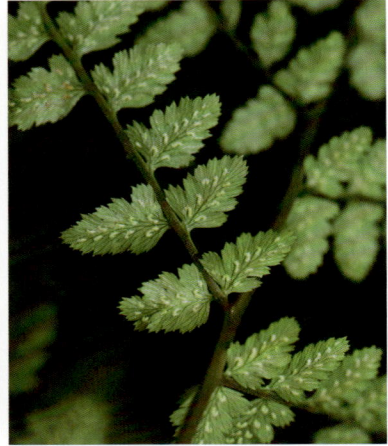

长叶蹄盖蕨

Athyrium elongatum Ching, Acta Bot. Boreal. -Occid. Sin. 6(2): 101. 1986.

叶簇生，二回羽状，基部羽片略收缩，裂片边缘有细长锯齿，中肋上面有长刺。

密羽蹄盖蕨

Athyrium imbricatum Christ, Bull. Acad. Int. Géogr. Bot. 16: 123. 1906.

叶柄和叶轴浅紫红色，中肋远轴面密被柔毛。孢子囊群长椭圆形，常通直。

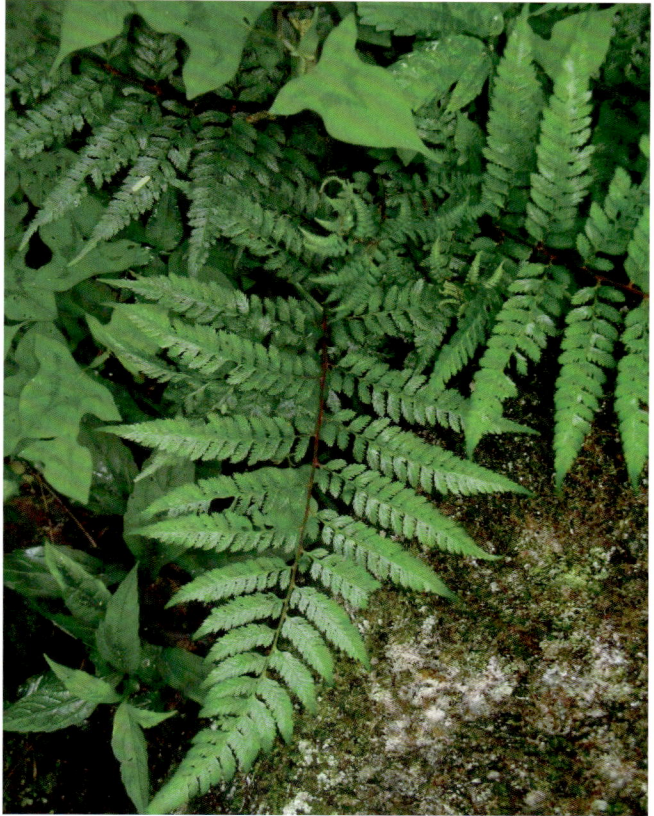

中间蹄盖蕨

Athyrium intermixtum Ching & P. S. Chui, Acta Bot. Boreal.-Occid. Sin. 6(1): 21. 1986.

叶二回羽状，小羽片浅裂，基部上侧耳突状，叶轴羽轴下面略被短腺毛。

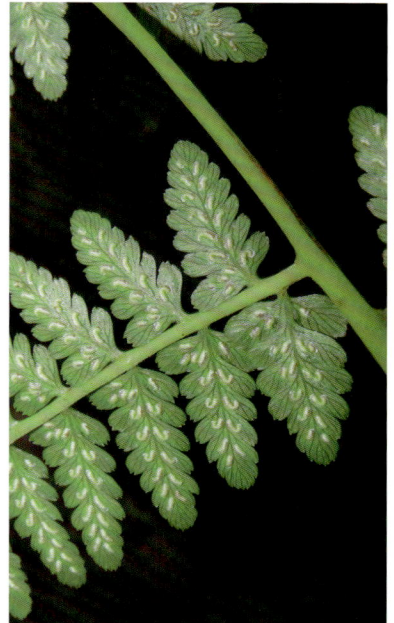

长江蹄盖蕨

Athyrium iseanum Rosenstock, Repert. Spec. Nov. Regni Veg. 13: 124. 1913.

叶二回羽状，小羽片深裂至羽状，中肋有刺，叶轴羽片顶端上常有珠芽。

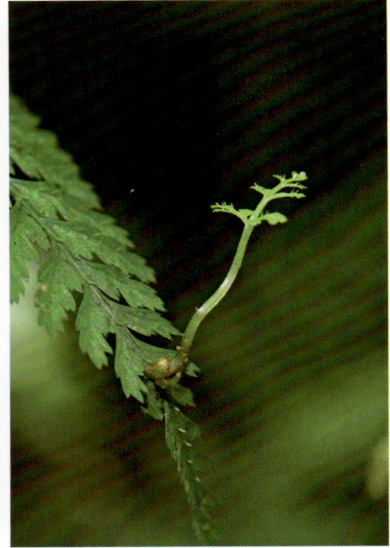

紫柄蹄盖蕨

Athyrium kenzo-satakei Sa. Kurata, J. Geobot. 7: 75. 1958.

叶柄基部黑色，向上淡紫色，叶轴羽轴下面淡紫色，疏被短毛，小羽片边缘浅圆裂或波状，基部上侧耳突状。

川滇蹄盖蕨

Athyrium mackinnoniorum (C. Hope) C. Christensen, Index Filic. 143. 1905.

羽片明显有柄，中肋禾秆色，背面具稀疏的白色短毛。

昂山蹄盖蕨

Athyrium maoshanense Ching & P. S. Chiu, Acta Bot. Boreal.-Occid. Sin. 6(3): 157. 1986.

《中国生物物种名录 2024 版》中记录分布于浙江省，未检索到标本。

多羽蹄盖蕨

Athyrium multipinnum Y. T. Hsieh & Z. R. Wang, Acta Bot. Boreal.-Occid. Sin. 7(1): 55. 1987.

该种与长叶蹄盖蕨相似，但裂片边缘锯齿状，中肋上面为短刺。

南岳蹄盖蕨

Athyrium nanyueense Ching, Acta Bot. Boreal.-Occid. Sin. 6(3): 152. 1986.

叶片近轴面光滑，小羽片羽裂几达小羽轴，裂片边缘具显著齿牙。

峨眉蹄盖蕨

Athyrium omeiense Ching, Bull. Fan Mem. Inst. Biol., n.s. 1: 282. 1949.

叶轴、羽轴及小羽轴通常带淡紫红色，基部一对羽片最大，叶中部以上羽片的小羽片或羽裂片几无柄，下面有毛，上面具有短刺状突起。囊群盖近全缘。

光蹄盖蕨

Athyrium otophorum (Miquel) Koidzumi, Fl. Symb. Orient.-Asiat. 40. 1930.

叶柄上部、叶轴和羽轴下面淡紫红色，光滑，上面有钻状短硬刺。孢子囊群长圆形或短线形。

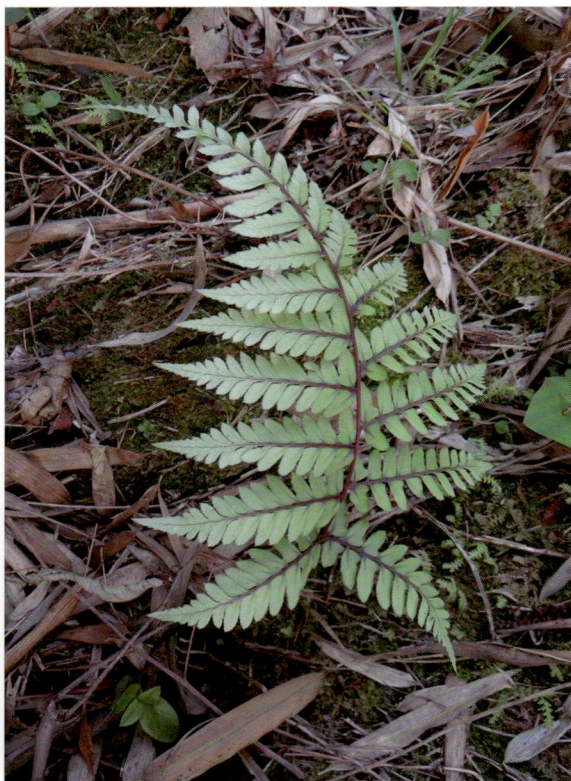

贵州蹄盖蕨

Athyrium pubicostatum Ching & Z. Y. Liu, Bull. Bot. Res., Harbin. 4(3): 7. 1984.

《中国生物物种名录 2024 版》中记录分布于福建省，未检索到标本。

中华蹄盖蕨

Athyrium sinense Ruprecht, Dist. Crypt. Vasc. Ross. 41. 1845.

叶柄上部叶轴和羽轴下面禾秆色，疏被小鳞片和短腺毛，小羽片在羽轴上成狭翅。

软刺蹄盖蕨

Athyrium strigillosum (E. J. Lowe) T. Moore ex Salomon, Nomencl. Gefässkrypt. 112. 1883.

羽轴和主脉上面有软刺。

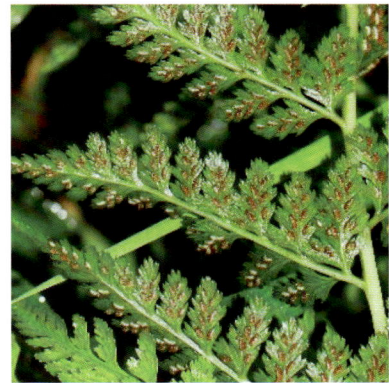

尖头蹄盖蕨

Athyrium vidalii (Franchet & Savatier) Nakai, Bot. Mag. (Tokyo). 39: 110. 1925.

小羽片顶端有尖刺，两侧波状或刺状，基部有刺头耳突，叶轴下面淡紫红色。

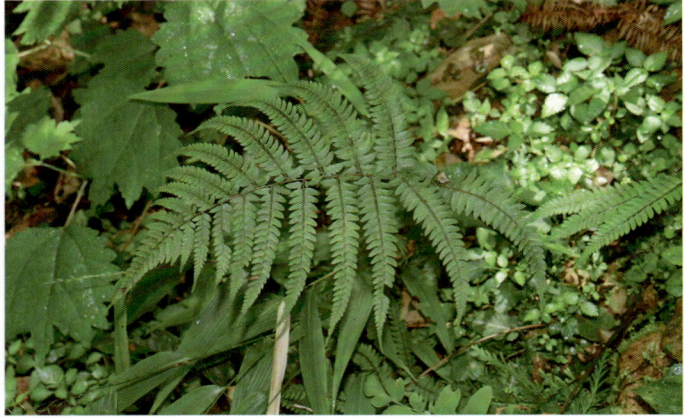

胎生蹄盖蕨

Athyrium viviparum Christ, Bull. Acad. Int. Géogr. Bot. 20: 13. 1910.

叶轴、羽轴及小羽片主脉均有软磁，叶轴顶端以下具 1 被鳞片芽孢。

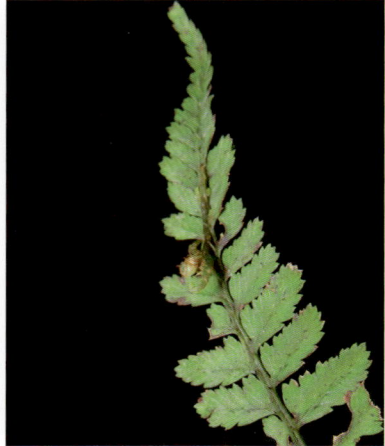

松谷蹄盖蕨

Athyrium vidalii var. *amabile* (Ching) Z. R. Wang, Fl. Reipubl. Popularis Sin. 3(2): 199. 1999.

该种与尖头蹄盖蕨相近，但中肋略浅紫红色，背面具密的棕色短腺毛。

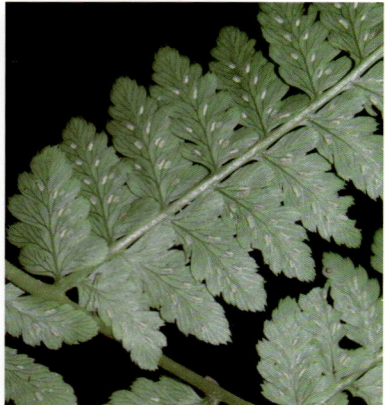

华中蹄盖蕨

Athyrium wardii (Hooker) Makino, Bot. Mag. (Tokyo). 13: 28. 1899.

叶片上部羽片急缩短，羽片羽裂至一回羽状，小羽片无柄，钝头或急尖头。

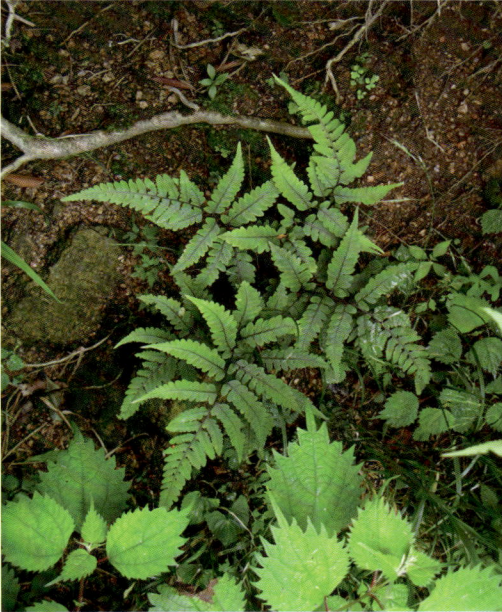

无毛华中蹄盖蕨

Athyrium wardii var. *glabratum* Y. T. Hsieh & Z. R. Wang, Fl. Reipubl. Popularis Sin. 3(2): 508. 1999.

该种为华中蹄盖蕨变种，曲别在于该种中肋背面光滑无毛。

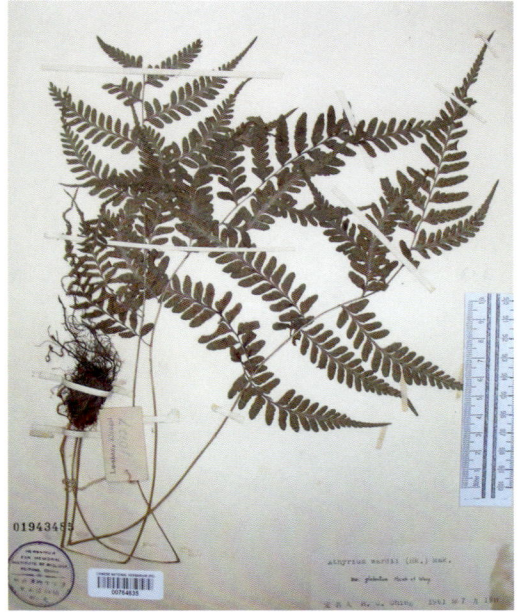

禾秆蹄盖蕨

Athyrium yokoscense (Franchet & Savatier) Christ, Bull. Herb. Boissier. 4: 668. 1896.

叶柄上部几光滑，叶轴羽轴下面均禾秆色，疏被小鳞片，上面具短硬刺。

角蕨属 *Cornopteris* Nakai

角蕨

Cornopteris decurrenti-alata (Hooker) Nakai, Bot. Mag. (Tokyo). 44: 8. 1930.

根状茎细长横走，羽片对生，几无柄，下部羽片基部小羽片不变小。

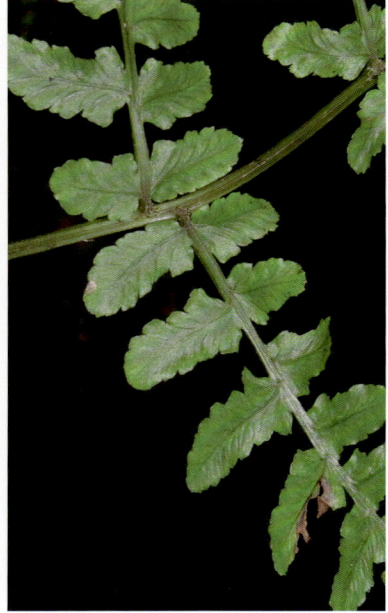

黑叶角蕨

Cornopteris opaca (D. Don) Tagawa, Acta Phytotax. Geobot. 8: 92. 1939.

根状茎斜生或直立，羽片近对生，有明显的柄，下部羽片基部一对小羽片较小。

对囊蕨属 *Deparia* Hooker & Greville

介蕨

Deparia boryana (Willdenow) M. Kato, Bot. Mag. (Tokyo). 90: 36. 1977.

叶二回羽状，羽片渐尖头略呈尾状，小羽片半裂多与羽轴的翅合生。

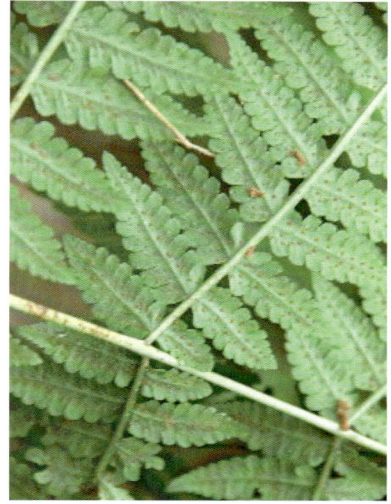

钝羽假蹄盖蕨

Deparia conilii (Franchet & Savatier) M. Kato, Bot. Mag. (Tokyo). 90: 37. 1977.

根状茎细长横走，叶一回羽状，近二型，羽片不对称，上侧略耳状。

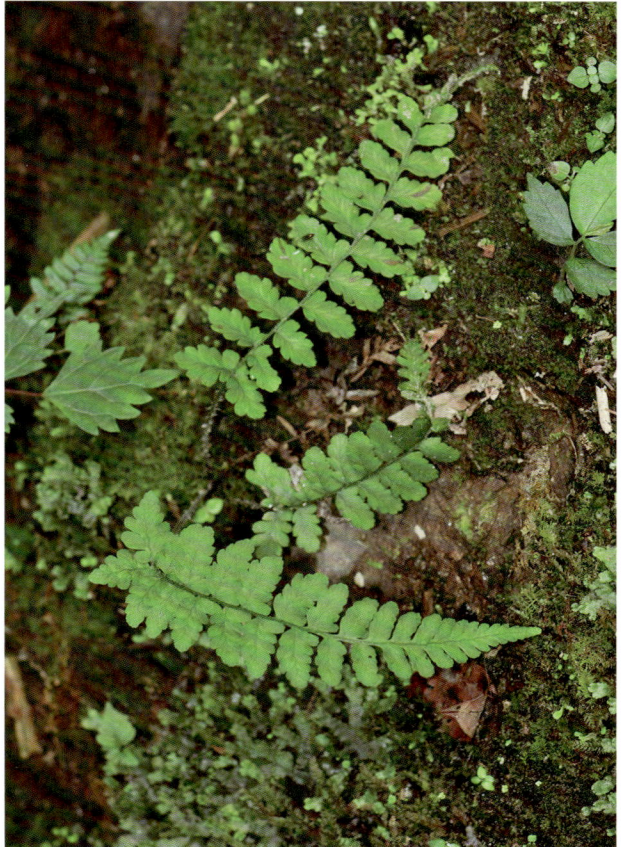

二型叶假蹄盖蕨

Deparia dimorphophyllum (Koidzumi) M. Kato, Bot. Mag. (Tokyo). 90: 37. 1977.

叶明显二型，能育叶叶柄明显较长，羽片渐尖，基部平截，略向上斜展。

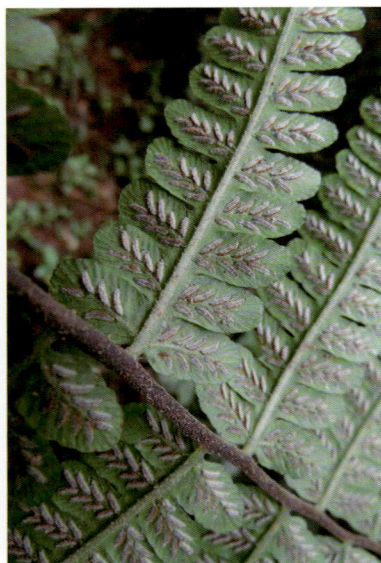

鄂西介蕨

Deparia henryi (Baker) M. Kato, Bot. Mag. (Tokyo). 90: 37. 1977.

根状茎短而横走，叶一回羽状，羽片深羽裂，近无柄；下部羽片的裂片有粗尖齿，上部羽片的裂片有浅锯齿。囊群长圆形，偶有弯钩或马蹄形。

假蹄盖蕨

Deparia japonica (Thunberg) M. Kato, Bot. Mag. (Tokyo). 90: 37. 1977.

根状茎长横走。叶一回羽状，羽片深羽裂，叶轴疏生小鳞片和节状毛。囊群短而直，囊群盖光滑。

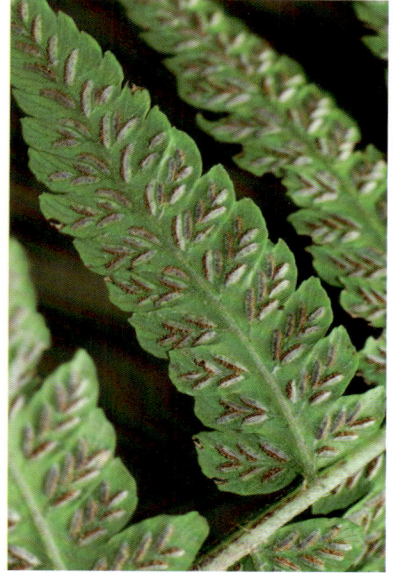

东亚蛾眉蕨

Deparia jiulungensis var. *albosquamata* (M. Kato) Z. R. Wang, Fl. China. 2&3: 435. 2013.

叶一回羽状，下部多对羽片缩短，裂片全缘或有浅圆锯齿，叶轴羽轴下密被毛。

中日假蹄盖蕨

Deparia kiusiana (Koidzumi) M. Kato, Bot. Mag. (Tokyo). 90: 37. 1977.

根茎细长横走，叶顶部急狭缩，通体密被浅褐色鳞片和节状毛。

单叶双盖蕨

Deparia lancea (Thunberg) Fraser-Jenkins, New Sp. Syndr. Indian Pteridol. 101. 1997.

单叶远生，全缘或略呈波状。孢子囊群单生，有时双生。

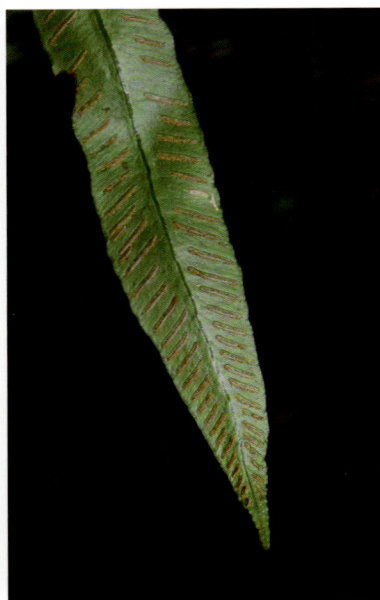

鲁山假蹄盖蕨

Deparia lushanensis (J. X. Li) Z. R. He, Fl. China. 2&3: 439. 2013.

根茎细长横走，叶疏生，疏生浅褐色小鳞片及节状毛，羽片顶端急尖或钝圆。

华中介蕨

Deparia okuboana (Makino) M. Kato, Bot. Mag. (Tokyo). 90: 37. 1977.

叶柄近光滑，叶二回羽状，小羽片几无柄，半裂或更深，裂片全缘。

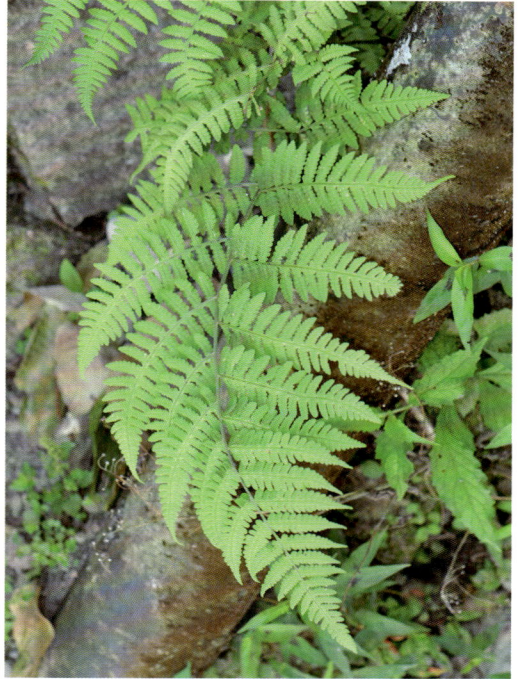

东北蛾眉蕨

Deparia pycnosora (Christ) M. Kato, Bot. Mag. (Tokyo). 90: 36. 1977.

叶柄少带栗红色，叶一回羽状，羽片深裂，渐尖，裂片先端有浅圆齿。

毛轴假蹄盖蕨

Deparia petersenii (Kunze) M. Kato, Bot. Mag. (Tokyo). 90: 37. 1977.

叶轴和中肋两面通常具较多卷曲的长节毛，羽片通常上弯。

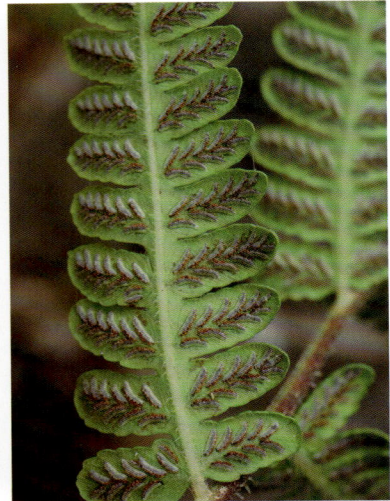

山东假蹄盖蕨

Deparia shandongensis (J. X. Li & Z. C. Ding) Z. R. He, Fl. China. 2&3: 439. 2013.

叶疏生，近二型，羽片无柄，基部略不对称。

刺毛介蕨

Deparia setigera (Ching ex Y. T. Hsieh) Z. R. Wang, Fl. China. 2&3: 423. 2013.

叶柄近光滑，叶一回羽状，羽片深裂，无柄，裂片略有波状齿。

华中蛾眉蕨

Deparia shennongensis (Ching, Boufford & K. H. Shing) X. C. Zhang, Lycophytes Ferns China. 390. 2012.

叶柄带褐红色，叶一回羽状，羽片深裂，基部一对羽片常缩为耳状。

羽裂叶对囊蕨

Deparia × *tomitaroana* R. Sano, J. Pl. Res. 113: 162. 2000.

《中国生物物种名录 2024 版》中记载分布于浙江省、福建省和江西省，未检索到标本。

峨眉介蕨

Deparia unifurcata (Baker) M. Kato, Bot. Mag. (Tokyo). 90: 37. 1977.

叶柄近光滑，叶一回羽状，羽片羽裂，近无柄，裂片全缘。

绿叶介蕨

Deparia viridifrons (Makino) M. Kato, Bot. Mag. (Tokyo). 90: 37. 1977.

叶柄光滑，叶二回羽状，小羽片深裂，近无柄，裂片边缘裂成粗锯齿。

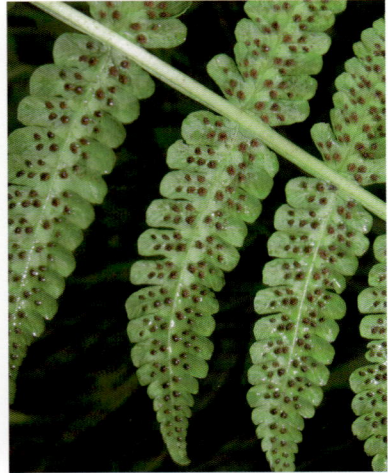

双盖蕨属 *Diplazium* Swartz

百山祖短肠蕨

Diplazium baishanzuense (Ching & P. S. Chiu) Z. R. He, Fl. China 2-3: 522. 2013.

叶上部一回，羽片深裂，基部二回羽状；下部小羽片上侧呈耳状。囊群短线形，单生于小脉中部。

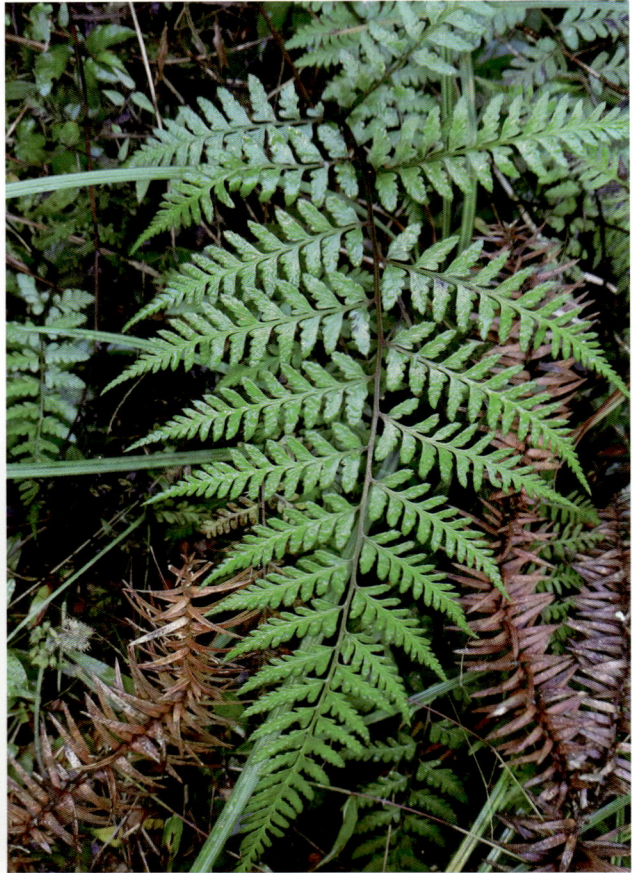

中华短肠蕨

Diplazium chinense (Baker) C. Christensen, Index Filic. 229. 1905.

叶三角形，下部二回羽状，小羽片深裂，两面光滑。囊群细短线形。

边生短肠蕨

Diplazium conterminum Christ, J. Bot. 19: 67. 1905.

鳞片黑色，较厚；叶柄光滑，叶下部二回羽状，小羽片基部截形或心形。囊群多生于小脉上部近边缘。

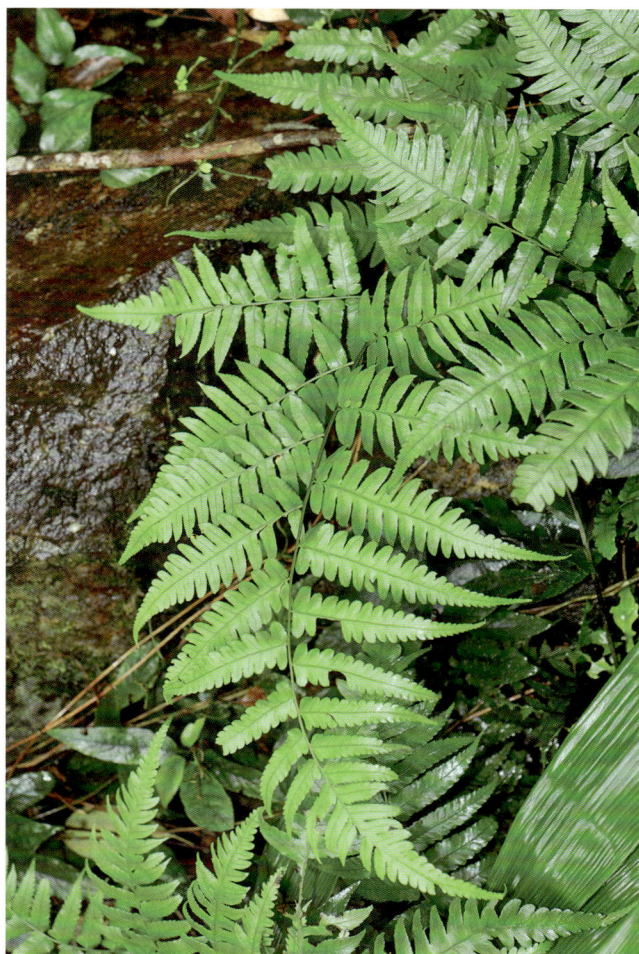

毛柄短肠蕨

Diplazium dilatatum Blume, Enum. Pl. Javae. 2: 194. 1828.

鳞片褐色，叶柄粗壮，密被鳞片，叶轴、羽轴光滑。囊群线形，单生于小脉上侧，从基部向上可至 1/2 处。

光脚短肠蕨

Diplazium doederleinii (Luerssen) Makino in C. Chr., Index Filic. 231. 1906.

根茎横走，近顶部有褐色鳞片，其余部分光滑。囊群多生于小脉基部。

双盖蕨

Diplazium donianum (Mettenius) Tardieu, Asplén. Tonkin. 58. 1932.

根茎长横走，叶奇数一回羽状，侧生羽片同大，略上弯，下部全缘或波状。

厚叶双盖蕨

Diplazium crassiusculum Ching, Lingnan Sci. J. 15: 279. 1936.
根茎直立。叶质厚，奇数一回羽状，顶生羽片基部常不对称。

菜蕨

Diplazium esculentum (Retzius) Swartz, J. Bot. (Schrader). 1801(2): 312. 1803.
常生于水边。根茎直立，密被鳞片。叶一回或二回羽状，羽片有齿或浅裂。

毛轴菜蕨

Diplazium esculentum var. *pubescens* (Link) Tardieu & C. Christensen, Fl. Gén. Indo-Chine. 7(2): 270. 1940.
该种与菜蕨形态相似，区别在于该种叶轴、羽轴的上面密被毛。

镰羽短肠蕨

Diplazium griffithii T. Moore, Index Fil. 330. 1861.
叶一回羽状，下部羽片深裂，羽片镰刀状披针形，尾状渐尖，羽片不对称，基部下侧裂片较长，裂片镰刀状。

薄盖短肠蕨

Diplazium hachijoense Nakai, Bot. Mag. (Tokyo). 35: 148. 1921.
根茎横走。叶二回羽状，小羽片深裂，几无柄，基部略不对称。囊群生于小脉中部，基部上侧一小脉常双生。

中日短肠蕨

Diplazium × *kidoi* Sa. Kurata, J. Geobot. 10: 68. 1961.
根茎长横走。叶一回羽状，羽裂渐尖，基部羽片略收缩，羽片基部不对称，尾状渐尖，边缘有锯齿。

异裂短肠蕨

Diplazium laxifrons Rosenstock, Hedwigia. 56: 337. 1915.

中部以下的羽片对称，上部几对羽片披针形，略不对称，下侧裂片稍长。囊群短线形，近主脉。

小叶短肠蕨

Diplazium mettenianum var. *fauriei* (Christ) Tagawa, Acta Phytotax. Geobot. 1(1): 88. 1932.

根茎长横走。叶远生，常 20cm 以下，一回羽状，羽片边缘呈锯齿状或浅波状。

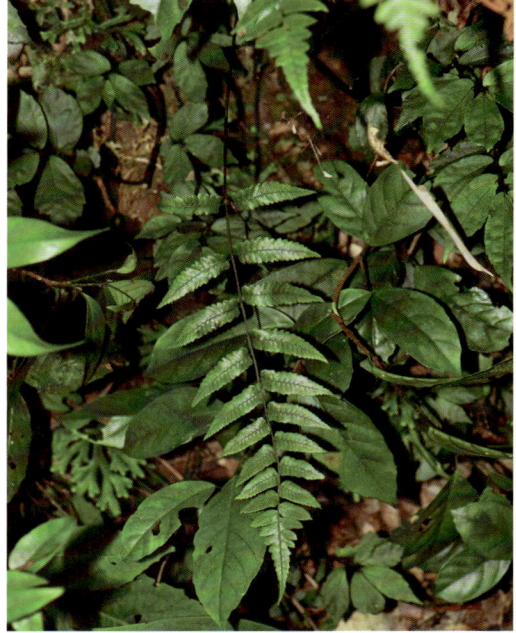

阔片短肠蕨

Diplazium matthewii (Copeland) C. Christensen, Index Filic., Suppl. 1906-1912: 27. 1913.

根茎横卧。叶一至二回羽状，侧生羽片基部略不对称；裂片基部下侧一片较上侧大。囊群长线形，单生或双生。

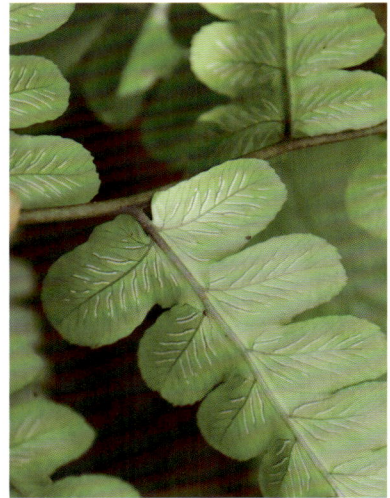

大叶短肠蕨

Diplazium maximum (D. Don) (D. Don) C. Chr., Index Fil. 235. 1905.

根茎横卧，先端鳞片栗色。叶二回羽状，小羽片长渐尖。囊群生于小脉上侧，常与小脉等长，基部上出小脉常为双生。

日本短肠蕨

Diplazium nipponicum Tagawa, Acta Phytotax. Geobot. 2: 197. 1933.

叶柄基部密生鳞片，上部光滑；叶下部二回羽状，小羽片深裂，裂片两侧全缘，顶部有小锯齿。囊群线形，沿小脉几达边缘。

江南短肠蕨

Diplazium mettenianum (Miquel) C. Christensen, Index Filic. 236. 1905.

根茎长横走。叶一回羽状，顶部羽裂渐尖，下部羽片深羽裂，羽片近对生，镰刀状，长渐尖。囊群在基部上侧 1 脉常为双生。

假耳羽短肠蕨

Diplazium okudairai Makino, Bot. Mag. (Tokyo). 20: 84. 1906.

叶一回羽状，羽片镰刀状有尾尖，基部上侧具耳突，羽柄有狭翅。

假镰羽短肠蕨

Diplazium petrii Tardieu, Asplén. Tonkin. 67. 1932.

该种与镰羽短肠蕨相似，区别在于本种羽片非镰刀状，孢子囊群在裂片上较密。

薄叶双盖蕨

Diplazium pinfaense Ching, Lingnan Sci. J. 15: 279. 1936.

该种与厚叶双盖蕨相近，但本种羽片从基部至顶端边缘均有锯齿。

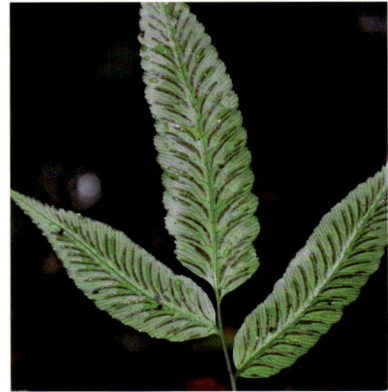

毛轴线盖蕨

Diplazium pullingeri (Baker) J. Smith, Ferns Brit. For., ed. 2. 315. 1877.

叶一回羽状，羽片基部上侧耳突状，下部羽片反折，叶柄叶轴中脉下面密被毛。

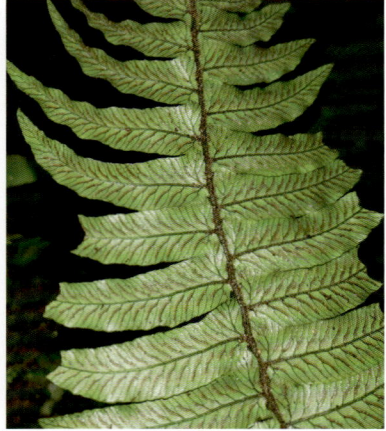

鳞柄短肠蕨

Diplazium squamigerum (Mettenius) C. Hope, J. Bombay Nat. Hist. Soc. 14: 259. 1902.

叶二回羽状，卵状三角形，下部羽片近对生；小羽片半裂。囊群生于小脉中部。

淡绿短肠蕨

Diplazium virescens Kunze, Bot. Zeitung (Berlin). 6: 537. 1848.

叶二回羽状，小羽片半裂，平展，渐尖头。囊群短而直，生于小脉中部偏上。

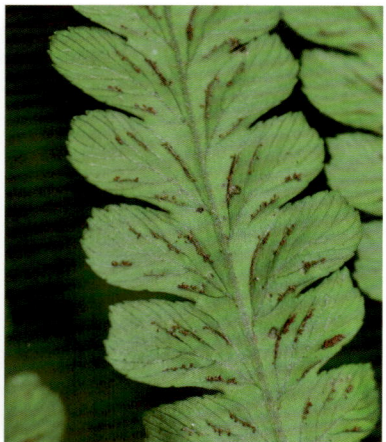

耳羽短肠蕨

Diplazium wichurae (Mettenius) Diels in Engler & Prantl, Nat. Pflanzenfam. 1(4): 226. 1899. 49. 1964.

该种与假耳羽短肠蕨相似，区别在于本种羽柄无翅，羽片渐尖，边缘有双锯齿。

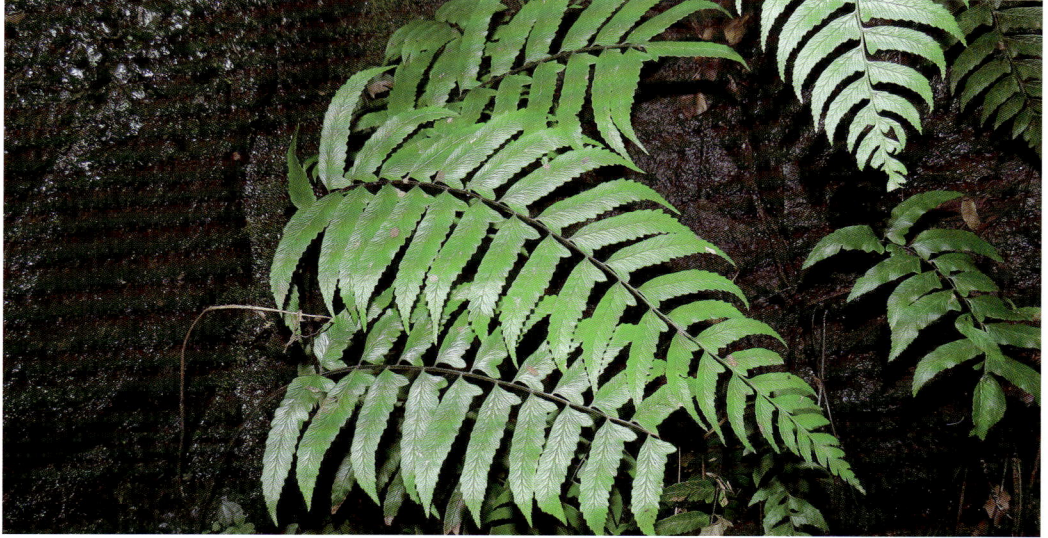

假江南短肠蕨

Diplazium yaoshanense (Y. C. Wu) Tardieu.

该种与江南短肠蕨相似，区别在于本种具有羽裂的顶生羽片。

龙池短肠蕨

Diplazium wichurae var. *parawichurae* (Ching) Z. R. He, Fl. China. 2&3: 516. 2013.

该种与耳羽短肠蕨相似，但该种羽片为急尖头，边缘只有单锯齿。

31

肿足蕨科
Hypodematiaceae

肿足蕨属 *Hypodematium* Kunze

肿足蕨

Hypodematium crenatum (Forsskål) Kuhn & Decken, Reisen. Ost-Afr. 3(3): 37. 1879.

叶背无棒状腺毛，叶柄、叶轴和囊群盖密被毛。

福氏肿足蕨

Hypodematium fordii (Baker) Ching, Icon. Filic. Sin. 3: t. 122. 1935; Sunyatsenia 3(1): 12. 1935.

叶背仅有棒状腺毛，叶柄腺毛稀疏。

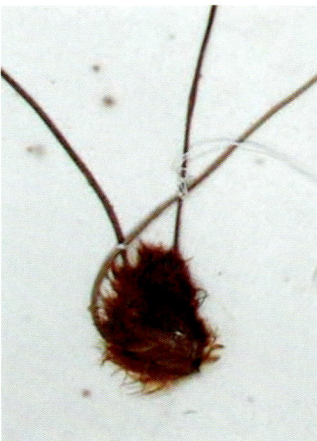

球腺肿足蕨

Hypodematium glanduloso-pilosum (Tagawa) Ohwi, Bull. Natl. Sci. Mus., Tokyo, n. s. 3: 98. 1956.

叶背棒状腺毛，叶柄和叶轴柔毛中混生腺毛。

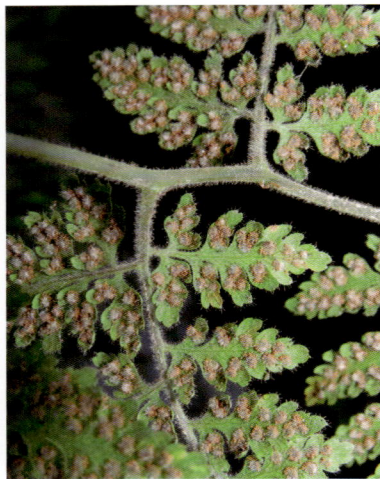

修株肿足蕨

Hypodematium gracile Ching, Fl. Tsinling. 2: 220. 1974.

叶背无棒状腺毛，叶轴和中肋密被短毛。囊群盖疏被短毛。

光轴肿足蕨

Hypodematium hirsutum (D. Don) Ching, Indian Fern J. 1(1-2): 49. 1985.

叶背无棒状腺毛，叶柄除基部外光滑无毛。囊群盖密被毛。

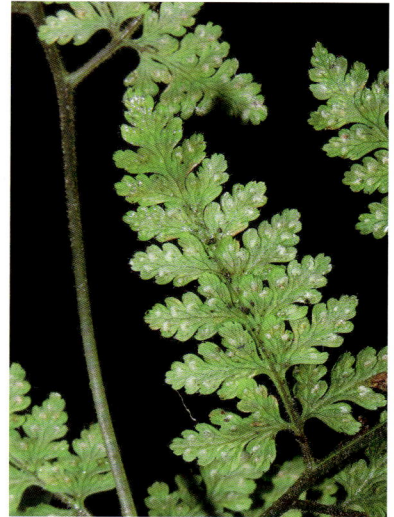

山东肿足蕨

Hypodematium sinense K. Iwatsuki, Acta Phytotax. Geobot. 21: 54. 1964.

该种与福氏肿足蕨相似，但叶柄光滑无毛。

鳞毛肿足蕨

Hypodematium squamuloso-pilosum Ching, Fl. Jiangsu. 1: 465. 1977.

该种与修株肿足蕨相似，但本种叶轴和中肋密被毛并混生红棕色鳞片。

鳞毛蕨科
Dryopteridaceae

分属检索表

复叶耳蕨属 *Arachniodes* Blume

斜方复叶耳蕨

Arachniodes amabilis (Blume) Tindale, Contr. New South Wales Natl. Herb. 3(1): 90. 1961.

叶二回羽状（基部三回），顶生羽片尾状，小羽片斜方形，上侧有带刺尖齿。

多羽复叶耳蕨

Arachniodes amoena (Ching) Ching, Acta Bot. Sin. 10: 256. 1962.

叶五角形，顶生羽片长尾状，下部 2 对羽片基部两侧 2 对小羽片显著伸长。

刺头复叶耳蕨

Arachniodes aristata (G. Forster) Tindale, New South Wales Natl. Herb. 3(1): 89. 1961.

叶五角形，下部羽片的基部具伸长的小羽片，小羽片尖头有 1 尖齿。

粗齿黔蕨

Arachniodes blinii (H. Léve.) T. Nakaike, J. Phytogeogr. Taxon. 49: 9. 2001.

叶一回羽状，叶片具一明显的顶生羽片，羽片边缘具带芒尖的软骨质粗齿。

大片复叶耳蕨

Arachniodes cavaleriei (Christ) Ohwi, J. Jap. Bot. 37: 76. 1962.

叶厚革质，末回裂片边缘锯齿状，无芒尖，囊群背生于小脉上。

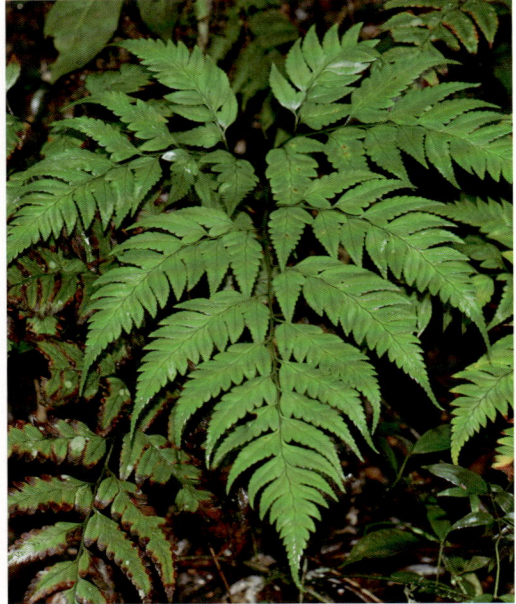

中华复叶耳蕨

Arachniodes chinensis (Rosenstock) Ching, Acta Bot. Sin. 10: 257. 1962.

该种与刺头复叶耳蕨相近，区别在于该种基部羽片基部的小羽片不伸长。

华南复叶耳蕨

Arachniodes festina (Hance) Ching, Acta Bot. Sin. 10: 257. 1962.

叶四回羽状，叶柄上部、叶轴被稀疏薄鳞片或近光滑无毛，末回小羽片有粗齿。

假斜方复叶耳蕨

Arachniodes hekiana Sa. Kurata, J. Geobot. 13: 99. 1965.

该种与斜方复叶耳蕨相似，区别为该种基部羽片的基部小羽片多不伸长。囊群中生，囊群盖无毛。

缩羽复叶耳蕨

Arachniodes japonica (Sa. Kurata) Nakaike, Enum. Pterid. Jap., Filic. 188. 1975.

该种与中华复叶耳蕨相似，但该种的侧生羽片的基部小羽片短于相邻的上部小羽片。

毛枝蕨

Arachniodes miqueliana (Maximowicz ex Franchet & Savatier) Ohwi, J. Jap. Bot. 37: 76. 1962.
叶柄、叶轴具较多的鳞片，主脉下面有泡状鳞片。囊群盖全缘。

贵州复叶耳蕨

Arachniodes nipponica (Rosenstock) Ohwi, J. Jap. Bot. 37: 76. 1962.
叶三回羽状，叶脉背面具棕色节状毛，末回小羽片边缘有细尖锯齿。囊群生于小脉顶端。

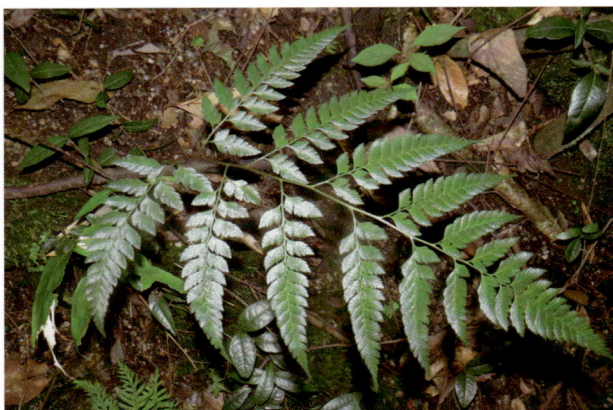

四回毛枝蕨

Arachniodes quadripinnata (Hayata) Serizawa, J. Jap. Bot. 61: 53. 1986.
叶柄上部、叶轴光滑，主脉下鳞片平直。囊群盖边缘有睫毛。

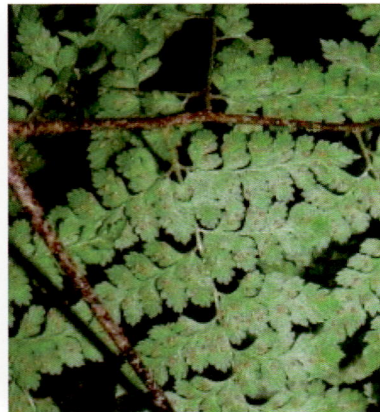

相似复叶耳蕨

Arachniodes similis Ching, Bull. Bot. Res., Harbin. 6(3): 19. 1986.

该种与斜方复叶耳蕨相似，但羽片与叶轴夹角小于 30°。囊群中生。

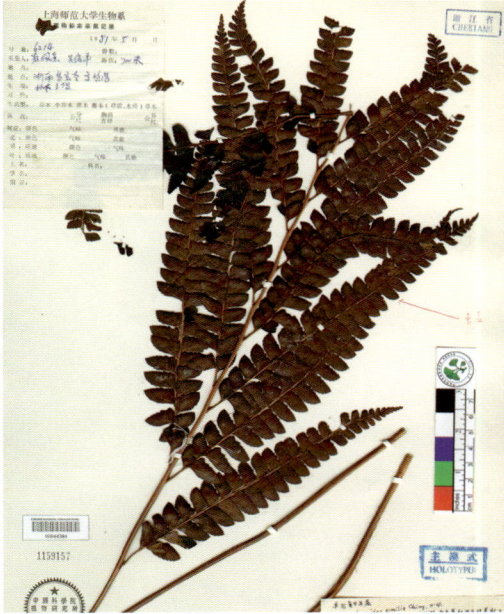

长尾复叶耳蕨

Arachniodes simplicior (Makino) Ohwi, J. Jap. Bot. 37: 76. 1962.

叶具一与下侧羽片同型的顶生羽片，基部三回羽状，下部羽片的基部具 1 ～ 2 对伸长的一回羽状小羽片。

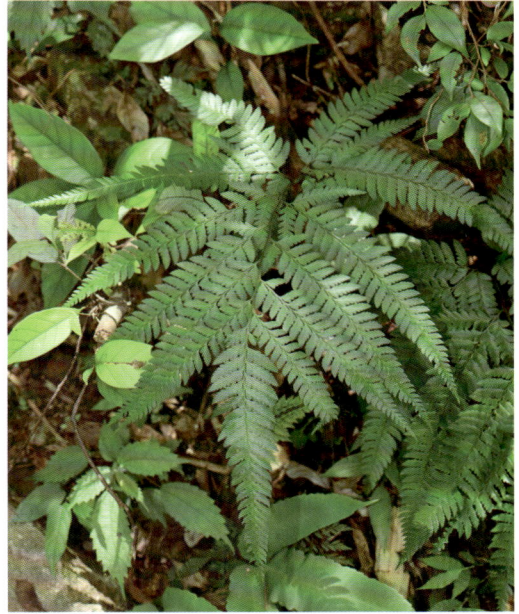

华西复叶耳蕨

Arachniodes simulans (Ching) Ching, Acta Bot. Sin. 10: 259. 1962.

叶片四至五回。囊群盖边缘无睫毛。

无鳞毛枝蕨

Arachniodes sinomiqueliana (Ching) Ohwi, J. Jap. Bot. 37: 76. 1962.

该种与四回毛枝蕨相近，但叶片为三回羽裂，上部为长渐尖头。

美丽复叶耳蕨

Arachniodes speciosa (D. Don) Ching, Acta Bot. Sin. 10: 259. 1962.

该种形态与多羽复叶耳蕨相似，但囊群位于中脉与叶边中间。

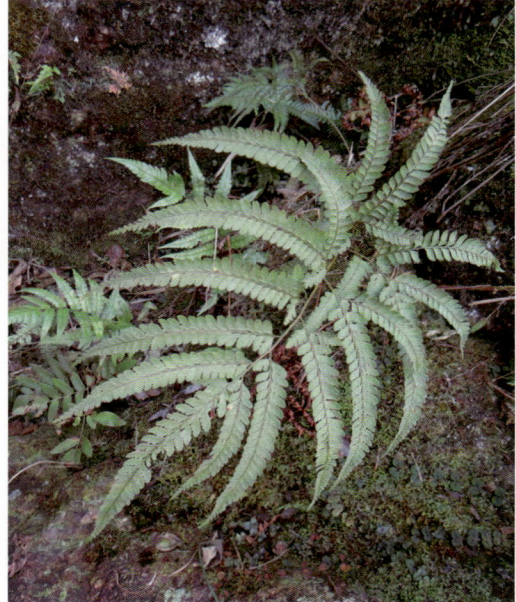

紫云山复叶耳蕨

Arachniodes ziyunshanensis Y. T. Hsieh, Acta Phytotax. Sin. 22: 162. 1984.

叶具一与下侧羽片同型的顶生羽片，基部四回羽状，下部羽片的基部具 2～3 对伸长的一至二回羽状小羽片。

实蕨属 *Bolbitis* Schott

华南实蕨

Bolbitis subcordata (Copeland) Ching in C. Chr., Index Filic., Suppl. 3: 50. 1934.

叶二型，不育叶网状脉中有内藏小脉，顶生羽片基部三裂，羽片顶端常有芽孢。

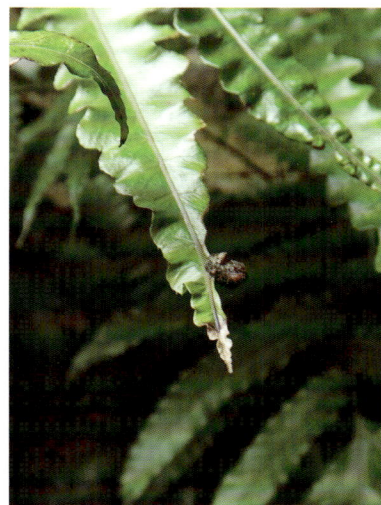

肋毛蕨属 *Ctenitis* (C. Christensen) C. Christensen

二型肋毛蕨

Ctenitis dingnanensis Ching, Acta Phytotax. Sin. 19: 122. 1981.

叶二型，三回羽状，叶柄鳞片平展，基部一对羽片的基部下侧羽片较上侧长。

直鳞肋毛蕨

Ctenitis eatonii (Baker) Ching, Bull. Fan Mem. Inst. Biol., Bot. 8: 291. 1938.

叶柄基部鳞片稍下卷，上部鳞片稀疏；小脉两侧有棕色毛。囊群生于小脉中部。

三相蕨

Ctenitis sinii (Ching) Ohwi, Fl. Japan Pterid. 92. 1957.

叶柄基部鳞片锈棕色，叶基部三回羽裂，上部二回羽裂，小脉沿轴联成狭眼。

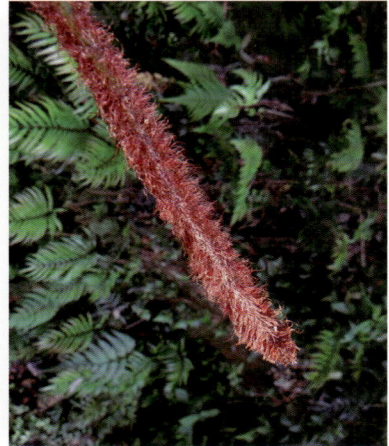

亮鳞肋毛蕨

Ctenitis subglandulosa (Hance) Ching, Bull. Fan Mem. Inst. Biol., Bot. 8: 302. 1938.

叶四回羽裂，基部一对羽片下侧小羽片较长。囊群生于小脉下部近主脉。

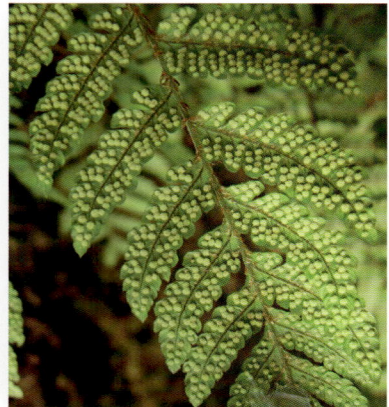

贯众属 *Cyrtomium* C. Presl

刺齿贯众

Cyrtomium caryotideum (Wall. ex Hook. & Grev.) C. Presl, Tent. Pterid. 86. 1836.

羽片具粗锯齿，上侧耳状凸长。囊群盖边缘不规则的锯齿状。

密羽贯众

Cyrtomium confertifolium Ching & K. H. Shing, Acta Phytotax. Sin., Addit. 1: 24. 1965.

叶奇数一回羽状，急尖头，羽片平展略上弯，顶端有小齿。囊群布满叶背，盖全缘。

福建贯众

Cyrtomium conforme Ching, Acta Phytotax. Sin., Addit. 1: 23. 1965.

叶奇数一回羽状，羽片上斜，前端有小齿。囊群在主脉两侧各两行。

披针贯众

Cyrtomium devexiscapulae (Koidzumi)
Koidzumi & Ching, Bull. Chin. Bot.
Soc. 2(2): 96. 1936.
叶奇数一回羽状，革质，羽片渐尖
无耳突，全缘或波状，下部一对较
宽大。

全缘贯众

Cyrtomium falcatum (Linnaeus f.)
C. Presl, Tent. Pterid. 86. 1836.
该种与披针贯众相似，但本种
有明显耳突，顶羽片常三叉，
常见于沿海地区。

贯众

Cyrtomium fortunei J. Smith, Ferns Brit.
For. 286. 1866.
叶奇数一回羽状，羽片近平伸，略上
弯，耳突钝圆。囊群遍布叶背。

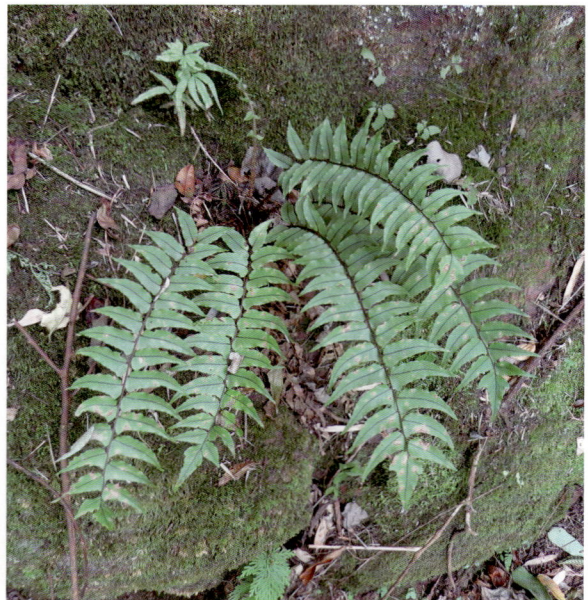

小羽贯众

Cyrtomium lonchitoides (Christ) Christ, Bull. Acad. Int. Géogr. Bot. 11: 264. 1902.

种羽片较小且多，长 4cm 左右，三角状耳突较贯众明显。

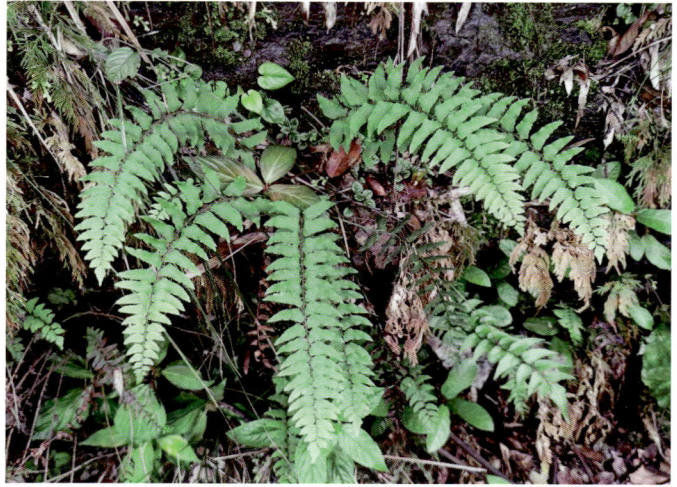

大叶贯众

Cyrtomium macrophyllum (Makino) Tagawa, Acta Phytotax. Geobot. 3(2): 62. 1934.

叶奇数一回羽状，羽片近对称，顶端有锯齿，基部 1 ～ 2 对较大，叶背有小鳞片。

阔羽贯众

Cyrtomium yamamotoi Tagawa, Acta Phytotax. Geobot. 7(3): 187. 1938.

该种与密羽贯众相近，但叶片为钝头，羽片少。囊群盖有齿或缺刻。

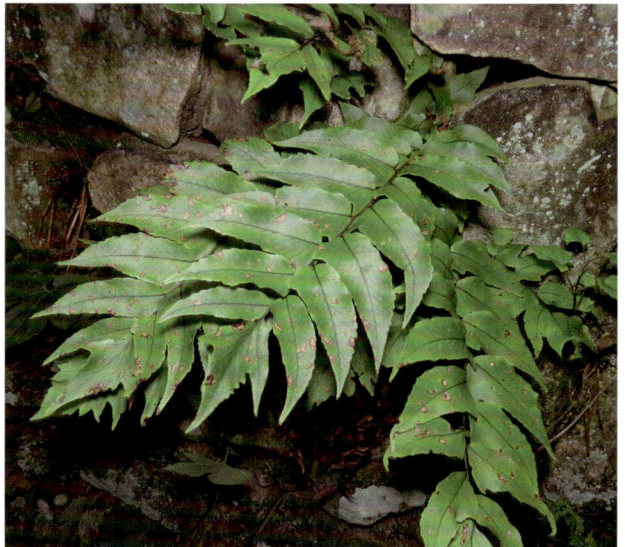

鳞毛蕨属 *Dryopteris* Adanson

暗鳞鳞毛蕨

Dryopteris atrata (Wallich ex Kunze) Ching, Sinensia. 3: 326. 1933.

叶一回羽状，基部不狭缩，叶柄叶轴密被鳞片，羽片无柄，边缘粗齿或浅裂。

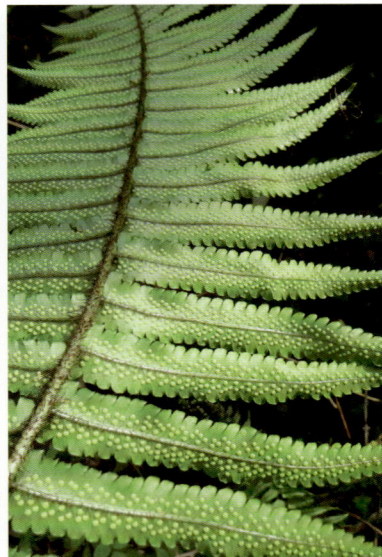

阔鳞鳞毛蕨

Dryopteris championii (Bentham) C. Christensen ex Ching, Sinensia. 3: 327. 1933.

叶二回羽状，叶柄叶轴密被红棕色鳞片，贴伏，小羽片基部两侧有耳，对称。

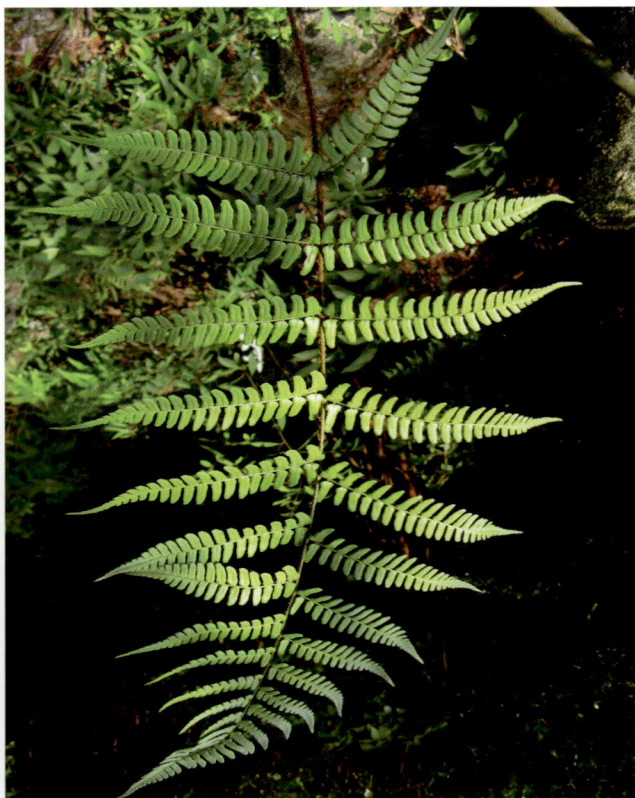

中华鳞毛蕨

Dryopteris chinensis (Baker) Koidzumi, Fl. Symb. Orient. -Asiat. 39. 1930.

叶五角形，叶柄和叶片近等长，基部一对羽片下侧羽片较上侧长。

混淆鳞毛蕨

Dryopteris commixta Tagawa, Acta Phytotax. Geobot. 2: 190. 1933.

该种与暗鳞鳞毛蕨相似，但本种羽片具短柄。囊群盖不完全遮盖囊群。

桫椤鳞毛蕨

Dryopteris cycadina (Franchet & Savatier) C. Christensen, Index Filic. 260. 1905.

该种与暗鳞鳞毛蕨相似，但下部羽片缩短，通常反折。

迷人鳞毛蕨

Dryopteris decipiens (Hooker) Kuntze, Revis. Gen. Pl. 2: 812. 1891.

叶柄鳞片稀疏，叶一回羽状，羽片边缘具锯齿，基部心形，有短柄。

深裂迷人鳞毛蕨

Dryopteris decipiens var. *diplazioides* (Christ) Ching, Bull. Fan Mem. Inst. Biol., Bot. 8: 476. 1938.

该种与迷人鳞毛蕨相似，但本种羽片深裂或全裂。

德化鳞毛蕨

Dryopteris dehuaensis Ching, Fl. Fujian. 1: 601. 1982.

叶片近革质,基部羽片有 3 ～ 4cm 长柄。囊群无盖。

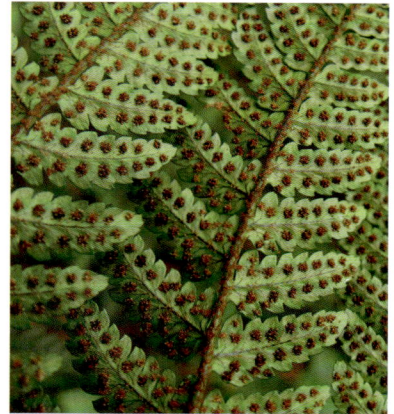

远轴鳞毛蕨

Dryopteris dickinsii (Franchet & Savatier) C. Christensen, Index Filic. 262. 1905.

叶柄鳞片棕色或淡棕色,叶一回羽状。囊群靠近叶边,中脉两侧有不育带。

宜昌鳞毛蕨

Dryopteris enneaphylla (Baker) C. Christensen, Index Filic. 263. 1905.

叶奇数一回羽状,羽片 3 ～ 4 对,羽片边缘波状缺刻,具小圆齿。

红盖鳞毛蕨

Dryopteris erythrosora (D. C. Eaton) Kuntze, Revis. Gen. Pl. 2: 812. 1891.

小羽片披针形，浅裂，叶轴和中肋密具泡状鳞片。囊群盖中央深红色。

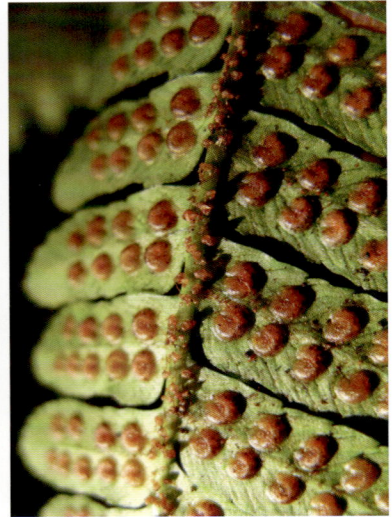

台湾鳞毛蕨

Dryopteris formosana (Christ) C. Christensen, Index Filic. 266. 1906.

叶柄鳞片黑色，羽片和小羽片近无柄，末回小羽片深裂。

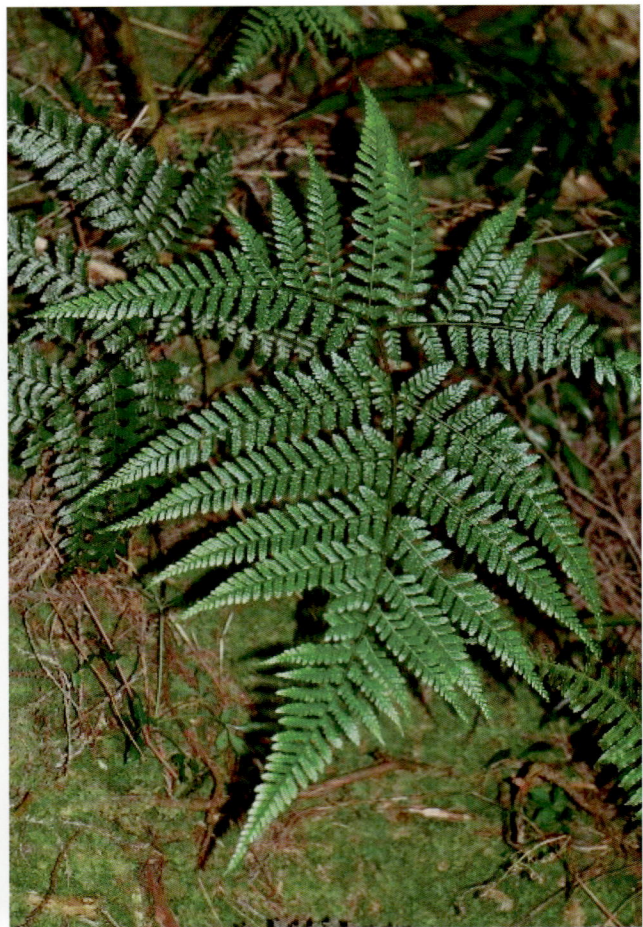

黑足鳞毛蕨

Dryopteris fuscipes C. Christensen, Index Filic., Suppl. 2: 14. 1917.

羽片基部收缩，叶柄基部鳞片平展。囊群近中肋。

华北鳞毛蕨

Dryopteris goeringiana (Kuntze) Koidzumi, Bot. Mag. (Tokyo). 43: 386. 1929.

叶轴通体被线形或针状鳞片，羽片下部小羽片较长。囊群沿中脉排 2 行。

裸果鳞毛蕨

Dryopteris gymnosora (Makino) C. Christensen, Index Filic. 269. 1906.

叶二回羽状，羽片近对生，小羽片顶端钝圆有尖齿。囊群生于小脉中部，无盖。

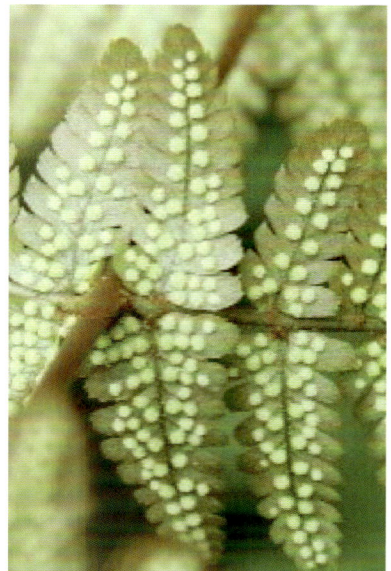

裸叶鳞毛蕨

Dryopteris gymnophylla (Baker) C. Christensen, Index Filic. 269. 1905.

叶五角形，羽片斜展，上弯，先端尾状渐尖，末回小羽片或裂片下延，全缘。

边生鳞毛蕨

Dryopteris handeliana C. Christensen, Dansk Bot. Ark. 9: 62. 1937.

叶一回羽状，羽片边缘有锯齿。囊群生于叶片边缘，中脉两侧有较宽不育带。

杭州鳞毛蕨

Dryopteris hangchowensis Ching, Bull. Fan Mem. Inst. Biol., Bot. 8: 414. 1938.

叶一回羽状，羽片半裂，裂片前指，裂片间有一刺齿。囊群在羽轴呈两侧不整齐两行。

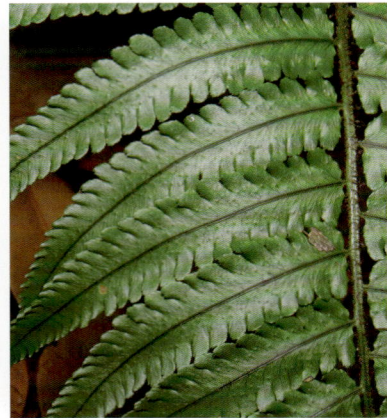

异鳞轴鳞蕨

Dryopteris heterolaena C. Christensen, Acta Horti Gothob. 1: 62. 1924.

叶三回羽裂，羽片裂达 2/3，圆钝头有钝齿，基部和羽轴合生。

桃花岛鳞毛蕨

Dryopteris hondoensis Koidzumi, Acta Phytotax. Geobot. 1: 31. 1932.

该种与红盖鳞毛蕨相似，但该种叶轴鳞片稀疏，小羽片羽裂状。囊群盖微红。

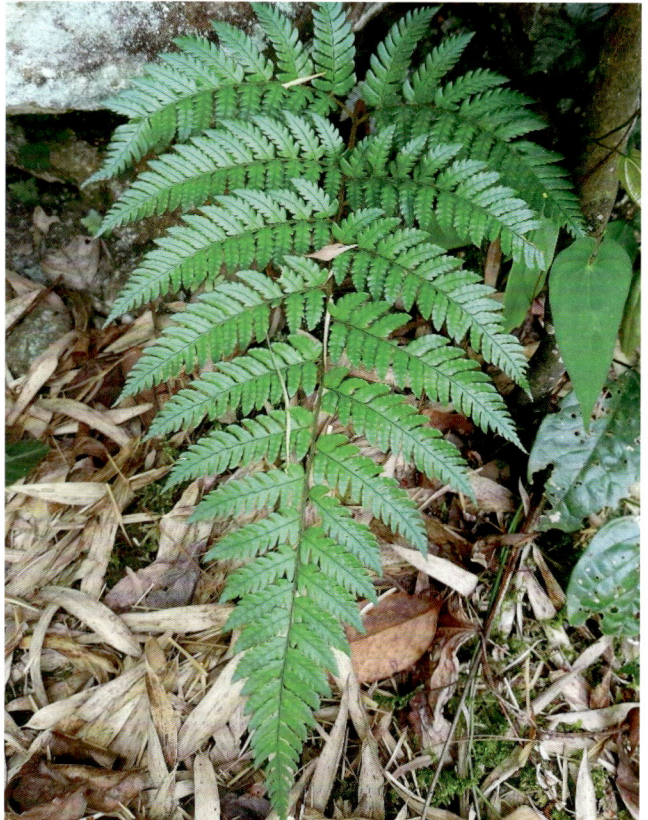

平行鳞毛蕨

Dryopteris indusiata (Makino) Makino & Yamamoto ex Yamamoto, Suppl. Icon. Pl. Formos. 5: 3. 1932.

叶二回羽状，羽片对生几无柄，基部羽片的基部小羽片略短且平行叶轴。

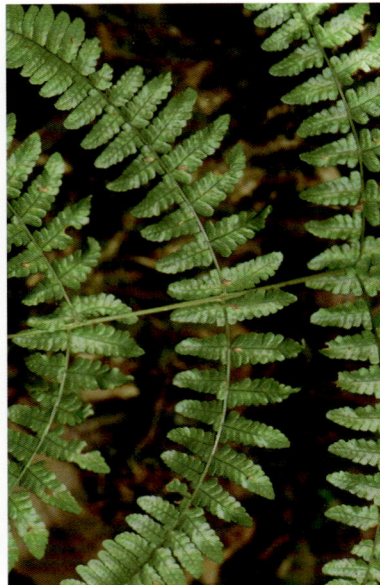

假异鳞毛蕨

Dryopteris immixta Ching, Fl. Tsinling. 2: 225. 1974.

该种与变异鳞毛蕨相似，但叶为二回羽状，尾状渐尖头。囊群较大。

泡鳞轴鳞蕨

Dryopteris kawakamii Hayata, J. Coll. Sci. Imp. Univ. Tokyo. 30: 416. 1911.
叶二回羽状，叶柄叶轴密被鳞片和毛；羽片平展几无柄，基部羽片略收缩，羽片基部 1 对小羽片略长。囊群生于小脉顶端。

京鹤鳞毛蕨

Dryopteris kinkiensis Koidzumi ex Tagawa, Acta Phytotax. Geobot. 2: 200. 1933.
叶二回羽状，急尖头，基部羽片上弯向叶尖，裂片顶端具尖齿。

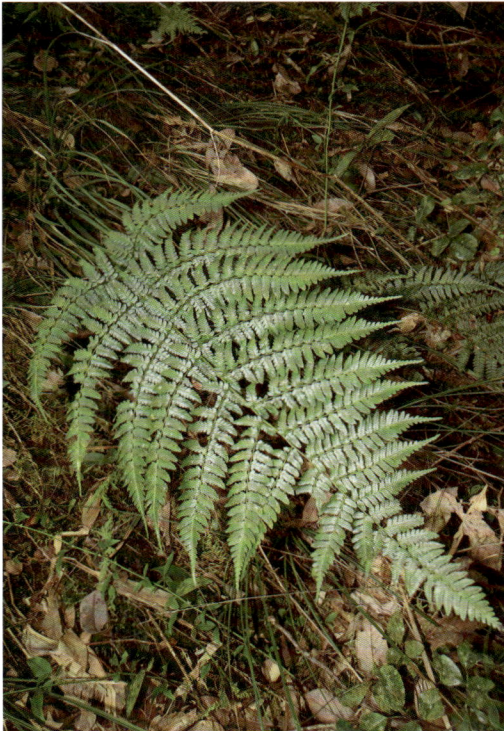

齿头鳞毛蕨

Dryopteris labordei (Christ) C. Christensen, Index Filic. 273. 1906.
叶柄基部鳞片黑色，基部羽片下侧小羽片明显长于上侧，羽状深裂至全裂。

狭顶鳞毛蕨

Dryopteris lacera (Thunberg) Kuntze, Revis. Gen. Pl. 2: 813. 1891.
叶二回羽状，仅顶部 1/3 羽片长孢子囊群，常骤缩。

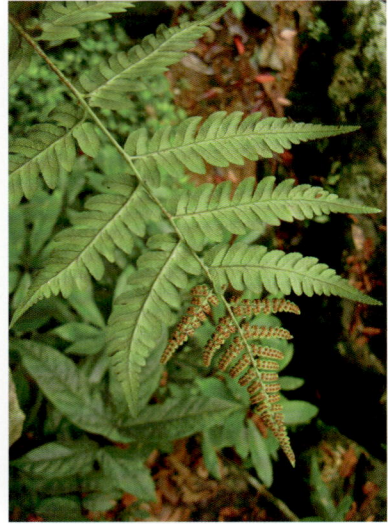

轴鳞鳞毛蕨

Dryopteris lepidorachis C. Christensen,
Index Filic. 274. 1906.
叶二回羽状，叶柄叶轴密被暗棕色鳞
片，小羽片基部心形。囊群近边缘。

阔鳞轴鳞蕨

Dryopteris maximowicziana (Miq.) C. Chr., Acta Horti Gothob. 1: 63. 1924.

叶柄下部鳞片平展下斜，叶三回羽状，羽片密接（上侧覆盖下侧），一回小羽片基部下侧一片明显缩短，叶背有腺体。

边果鳞毛蕨

Dryopteris marginata (C. B. Clark) Christ, Philipp. J. Sci., C. 2: 212. 1907.

叶三回深裂，裂片基部与轴合生。孢子囊群在小羽轴两侧整齐排成一行。

黑鳞远轴鳞毛蕨

Dryopteris namegatae (Sa. Kurata) Sa. Kurata, J. Geobot. 17: 87. 1969.

该种与远轴鳞毛蕨相似，区别在于该种叶柄鳞片为黑色。

太平鳞毛蕨

Dryopteris pacifica (Nakai) Tagawa, Coloured Ill. Jap. Pteridophyta. 211. 1959.

叶质厚硬，叶柄基部的鳞片基部全黑色。孢子囊群生小羽片或末回裂片中脉与边缘之间，略靠近边缘。

鱼鳞蕨

Dryopteris paleolata (Pic. Serm.) Li Bing Zhang, Taxon. 61: 1208. 2012.

叶柄上部少鳞片，叶四回羽裂状，羽片对生上弯，各回羽片和裂片基部具1大的心形鳞片，羽轴高于小羽片所在平面。

半岛鳞毛蕨

Dryopteris peninsulae Kitagawa, Rep. First Sci. Exped. Manchoukuo. 4(2): 54. 1935.

叶厚，二回羽状，上部 1/2 的羽片可育，基部小羽片两侧耳形。

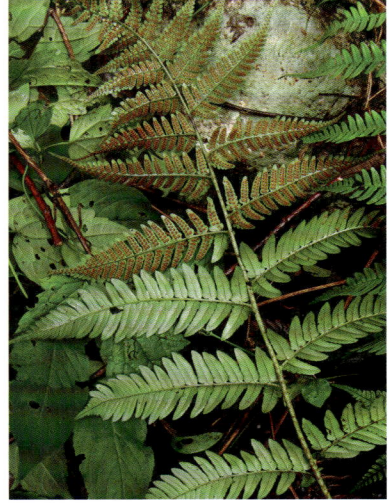

柄叶鳞毛蕨

Dryopteris podophylla (Hooker) Kuntze, Revis. Gen. Pl. 2: 813. 1891.

叶奇数一回羽状，羽片有短柄，基部略呈心形，有波状钝齿并具软骨质狭边。

棕边鳞毛蕨

Dryopteris sacrosancta Koidzumi, Bot. Mag. (Tokyo). 38: 108. 1924.

叶柄基部披针形鳞片中间黑色，边缘棕色，叶轴和羽轴疏被泡状鳞片。

无盖鳞毛蕨

Dryopteris scottii (Beddome) Ching ex C. Christensen, Bull. Dept. Biol. Sun Yatsen Univ. 6: 3. 1933.

叶柄基部密生黑色鳞片，向上变疏，叶一回羽状，羽片半裂。自然状态下羽片中部常呈黄绿色。囊群无盖。

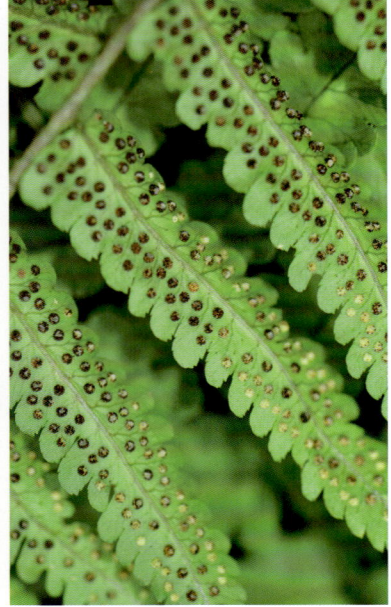

两色鳞毛蕨

Dryopteris setosa (Thunberg) Akasawa, Bull. Kochi Women's Univ., Ser. Nat. Sci. 7: 27. 1959.

该种与棕边鳞毛蕨相似，但该种叶轴和羽轴的泡状鳞片较密。

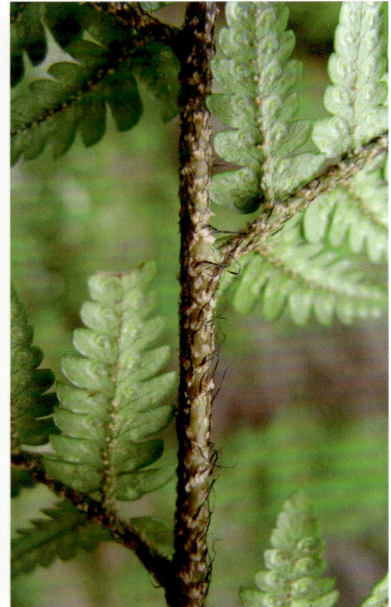

霞客鳞毛蕨

Dryopteris shiakeana H. Shang & Y. H. Yan, Phytotaxa, 218(2): 156. 2015.

该种与德化鳞毛蕨相似，但叶轴和羽轴鳞片更密，叶脉更显著，裂片边缘有齿。

无盖肉刺蕨

Dryopteris shikokiana (Makino) C. Christensen, Index Filic. 292. 1905.

叶柄密被淡棕色鳞片，近平展，自然状态下半透明。囊群生小脉顶端，无盖。

奇羽鳞毛蕨

Dryopteris sieboldii (Van Houtte ex Mettenius) Kuntze, Revis. Gen. Pl. 2: 813. 1891.

叶奇数一回羽状，羽片较宜昌鳞毛蕨少，羽片具稀疏的浅圆齿牙。

高鳞毛蕨

Dryopteris simasakii (H. Itô) Kurata, J. Geobot. 18: 5. 1970.
羽轴具较密泡状鳞片。孢子囊群靠近裂片边缘着生。

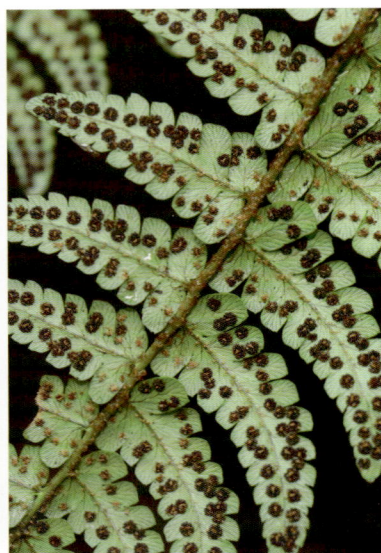

华南鳞毛蕨

Dryopteris tenuicula C. G. Matthew & Christ in Lecomte, Notul. Syst. (Paris). 1: 51. 1909.
叶柄常紫色，小羽片具带芒锯齿。囊群盖幼时紫红色。

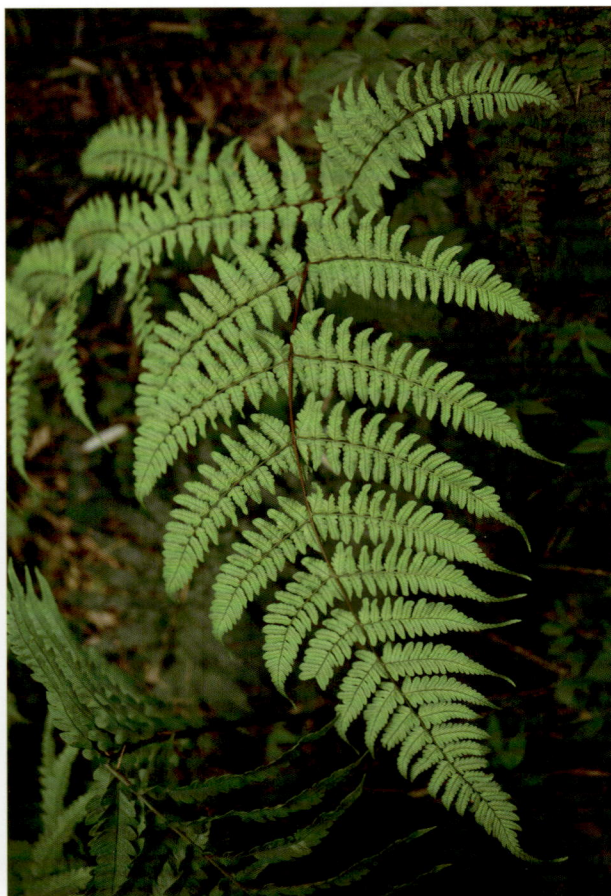

东京鳞毛蕨

Dryopteris tokyoensis (Matsumura ex Makino) C. Christensen, Index Filic. 298. 1905.
叶二回深羽裂，羽片斜向上，裂片圆顶有锯齿，羽轴两侧各排一行大囊群。

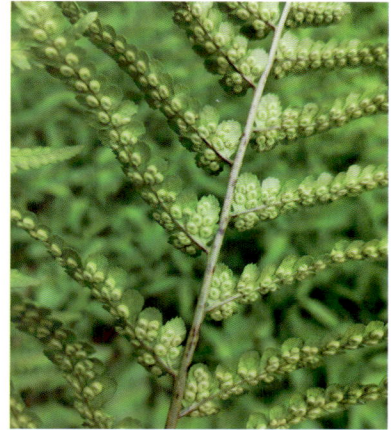

观光鳞毛蕨

Dryopteris tsoongii Ching, Bot. Res. Acad. Sin. 2: 14. 1987.
该种与阔鳞鳞毛蕨相似，但叶柄更长，鳞片更密，且叶深绿色。囊群近边缘。

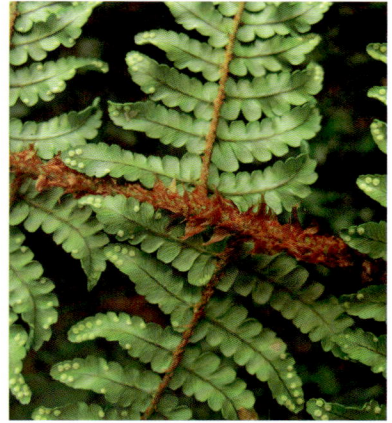

变异鳞毛蕨

Dryopteris varia (Linnaeus) Kuntze, Revis. Gen. Pl. 2: 814. 1891.
该种与太平鳞毛蕨相似，但叶质薄，亮绿色，叶柄基部鳞片基部棕色。

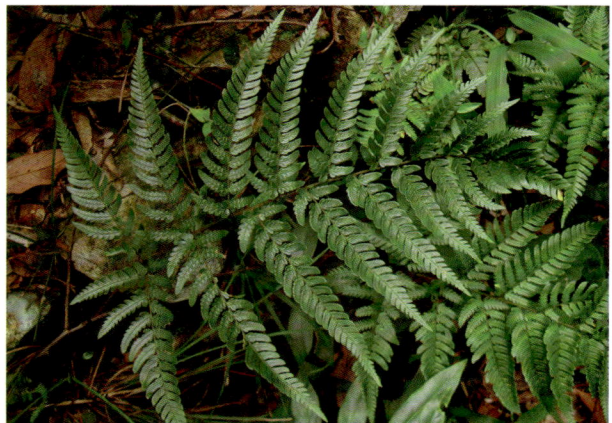

黄山鳞毛蕨

Dryopteris whangshangensis Ching, Bull. Fan Mem. Inst. Biol., Bot. 8: 421. 1938.

叶柄基部被深棕色流苏状的鳞片，羽片深裂，裂片边缘常反折。囊群生于裂片顶端。

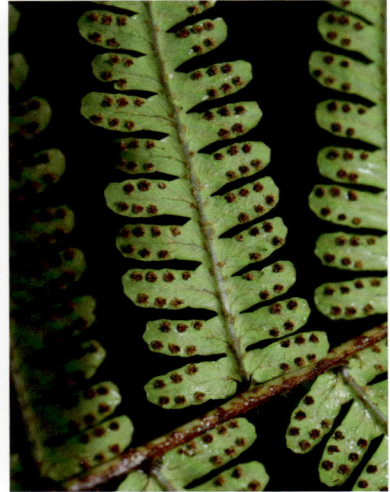

同形鳞毛蕨

Dryopteris uniformis (Makino) Makino, Bot. Mag. (Tokyo). 23: 145. 1909.

叶柄密被黑色宽鳞片，叶二回羽裂，羽片无柄，平展，上部 1/2 的羽片可育。

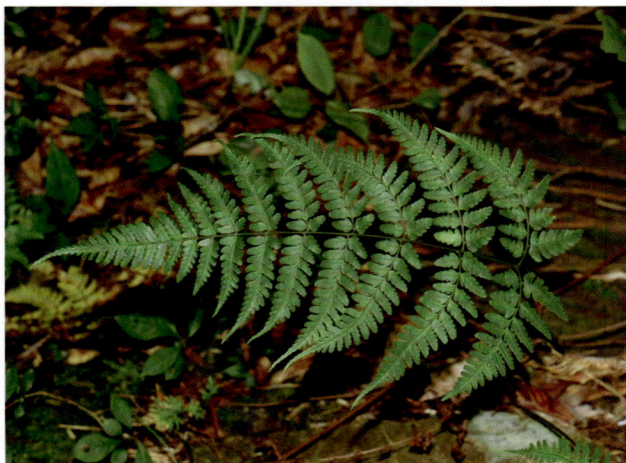

稀羽鳞毛蕨

Dryopteris sparsa (D. Don) Kuntze, Revis. Gen. Pl. 2: 813. 1891.

叶柄常带棕色，基部以上无鳞片，基部 1 对羽片基部下侧 1 片小羽片较长。

无柄鳞毛蕨

Dryopteris submarginata Rosenstock, Repert. Spec. Nov. Regni Veg. 13: 132. 1914.
该种和华南鳞毛蕨相似，但叶柄禾秆色，叶三回羽状，裂片边缘为钝齿。

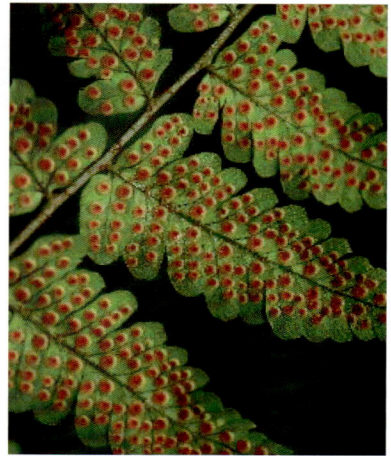

细叶鳞毛蕨

Dryopteris woodsiisora Hayata, Icon. Pl. Formosan. 6: 158. 1916.
该种与东京鳞毛蕨相似，但囊群不近中脉，羽片下面具腺毛。

寻乌鳞毛蕨

Dryopteris xunwuensis Ching & K. H. Shing, J. Sci. Jiangxi. 8(3): 48. 1990.
该种与德化鳞毛蕨相似，但鳞片棕色。囊群有盖，盖上有纤毛。

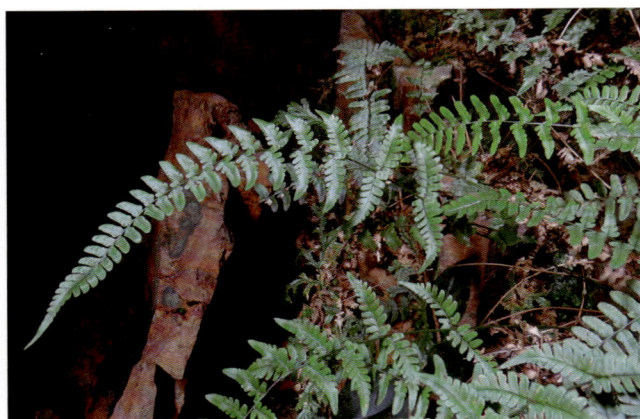

南平鳞毛蕨

Dryopteris yenpingensis C. Chr. & Ching, Bull. Fan Mem. Inst. Biol., Bot. 8(6): 450. 1938.

叶一回羽状，下部羽片羽状深裂，上部不裂，羽片或裂片有钝齿。

舌蕨属 *Elaphoglossum* Schott ex J. Smith

舌蕨

Elaphoglossum marginatum T. Moore, Index Fil. 11. 1857.

叶具有明显的长柄，叶片略下延，全缘，有骨质边，孢子叶与不育叶几等高。

华南舌蕨

Elaphoglossum yoshinagae (Yatabe) Makino, Phan. Pter. Jap. Icon. t. 51-52. 1901.

叶具短柄，叶片下延至叶柄近基部，顶部渐尖，全缘，有骨质边。

网藤蕨属 *Lomagramma* J. Smith

网藤蕨

Lomagramma sorbifolia (Willd.) Ching, Lingnan Sci. J. 12(4): 566(1933).

不育叶片的顶生羽片不具关节，羽片边缘有浅锯齿，能育叶全缘。

黄腺羽蕨属 *Pleocnemia* C. Presl

黄腺羽蕨

Pleocnemia winitii Holttum, Reinwardtia. 1: 181. 1951.

叶基三至四回羽状，基部羽片最大，小羽片半裂，有骨质边，裂片间有一钝齿。

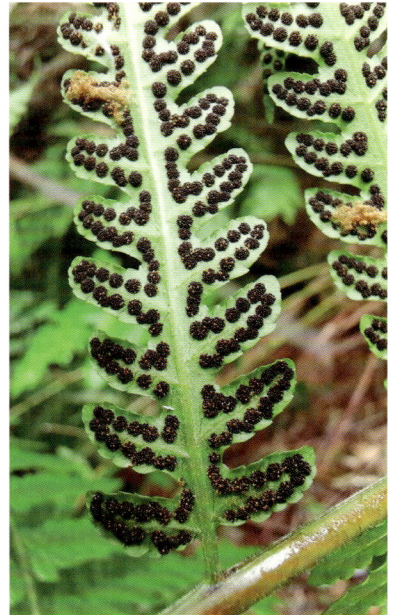

耳蕨属 *Polystichum* Roth

尖头耳蕨

Polystichum acutipinnulum Ching & K. H. Shing, Wuyi Sci. J. 1(1): 9. 1981.

叶柄密被黄棕色鳞片，叶二回羽状，小羽片镰状三角形，近叶轴几对常不育。

镰羽耳蕨

Polystichum balansae Christ, Trudy Imp. S. Peterburgsk. Bot. Sada. 28: 193. 1908.

叶一回羽状，羽片镰刀状，上斜，尾状尖，边缘有齿。

卵状鞭叶蕨

Polystichum conjunctum (Ching) Li Bing Zhang, Phytotaxa. 60: 57. 2012.

叶柄密被棕色鳞片，叶下部一回羽状，羽片卵状三角形。囊群无盖。

鞭叶耳蕨

Polystichum craspedosorum (Maxim.) Diels. in Engler et Prantl, Nat. Pflanzenfam. 1(4): 189. 1899.

下部羽片略下斜，叶顶端延伸为鞭状，有可育芽孢。囊群盖全缘。

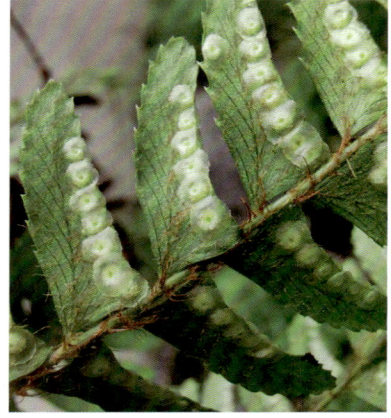

对生耳蕨

Polystichum deltodon (Baker) Diels in Engler & Prantl, Nat. Pflanzenfam. 1(4): 191. 1899.

叶一回羽状，羽片常互生，羽片镰状矩圆形，下侧弧形，顶端有芒刺。

无盖耳蕨

Polystichum gymnocarpium Ching ex W. M. Chu & Z. R. He, Fl. Reipubl. Popularis Sin. 5(2): 227. 2001.

叶基部收缩，下部羽片常向下反折。囊群无盖。

小戟叶耳蕨

Polystichum hancockii (Hance) Diels in Engler & Prantl, Nat. Pflanzenfam. 1(4): 191. 1899.

中部小羽片较大，基部一对小羽片较小且为一回羽状。

芒齿耳蕨

Polystichum hecatopterum Diels, Bot. Jahrb. Syst. 29: 193. 1900.

羽片圆头，边缘有带芒刺的整齐锯齿。囊群盖边缘波状或啮齿状。

草叶耳蕨

Polystichum herbaceum Ching & Z. Y. Liu, Bull. Bot. Res., Harbin. 4(4): 20. 1984.

该种与对马耳蕨相似，但本种叶基部羽片的基部小羽片深裂至羽状。

深裂耳蕨

Polystichum incisopinnulum H. S. Kung & Li Bing Zhang, Acta Bot. Yunnan. 17: 25. 1995.

该种与对马耳蕨相似，但本种叶柄基部鳞片棕色，叶三回羽裂状，小羽片深裂。

亮叶耳蕨

Polystichum lanceolatum (Baker) Diels, Bot. Jahrb. Syst. 29: 193. 1900.

株高 10cm 左右，叶革质，有光泽，羽片顶端有 1 ～ 3 个具短硬刺头的牙状齿。

宽鳞耳蕨

Polystichum latilepis Ching & H. S. Kung, Acta Bot. Boreal. -Occid. Sin. 9: 273. 1989.

叶柄基部密被棕色卵状鳞片，叶革质，小羽片先端刺状，边缘全缘或有尖齿。

鞭叶蕨

Polystichum lepidocaulon J. Sm. Ferns Brit. For. 286.1866.

羽片全缘，镰状。囊群在主脉两侧各有 2 行。

黑鳞耳蕨

Polystichum makinoi (Tagawa) Tagawa, Acta Phytotax. Geobot. 5: 258. 1936.

叶柄基部鳞片中间黑色，叶二回羽状，羽片全缘有短芒。孢子囊群近中脉。

革叶耳蕨

Polystichum neolobatum Nakai, Bot. Mag. (Tokyo). 39: 118. 1925.

该种与宽鳞耳蕨相似，但叶柄基部鳞片披针形，褐色，先端扭曲。

卵鳞耳蕨

Polystichum ovatopaleaceum (Kodama) Sa. Kurata Sci. Rep. Yokosuka City Mus. 10: 35. 1964.

叶柄鳞片黄棕色，叶草质，羽片两面密被纤毛状小鳞片，小羽片下侧具短芒尖。

棕鳞耳蕨

Polystichum polyblepharum (Roemer ex Kunze) C. Presl, Epimel. Bot. 56. 1849.

该种与卵鳞耳蕨相似，但叶柄基部鳞片灰棕色，小羽片下侧有长芒。

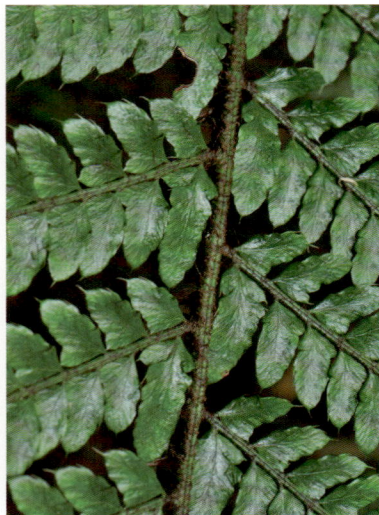

假黑鳞耳蕨

Polystichum pseudomakinoi Tagawa, Acta Phytotax. Geobot. 5: 257. 1936.

该种与黑鳞耳蕨相似，但叶柄基部鳞片棕褐色。孢子囊群近边缘。

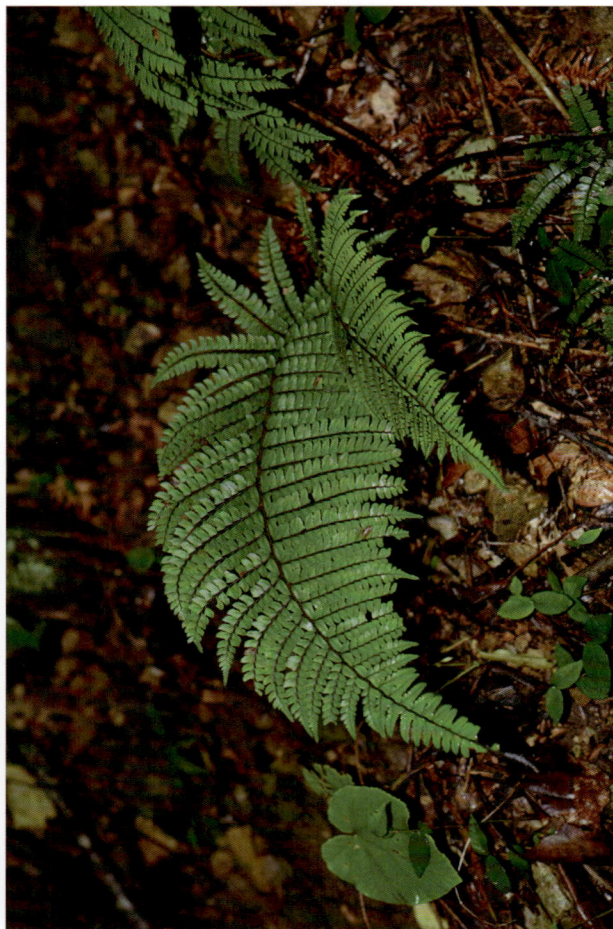

普陀鞭叶蕨

Polystichum putuoense Li Bing Zhang, Phytotaxa. 60: 58. 2012.
该种与鞭叶蕨相似，但羽片边缘刺状齿。囊群在中肋两侧各 1 行。

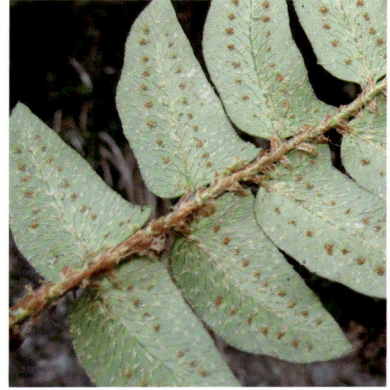

倒鳞耳蕨

Polystichum retrosopaleaceum (Kodama) Tagawa, J. Jap. Bot. 13(3): 187. 1937.
该种与棕鳞耳蕨相似，但叶柄叶轴鳞片明显向下反折。

阔鳞耳蕨

Polystichum rigens Tagawa, Acta Phytotax. Geobot. 6(2): 91. 1937.
叶二回深羽裂，叶革质，有长柄，羽片基部第一或二对有分离的小羽片。

灰绿耳蕨

Polystichum scariosum (Roxburgh) C. V. Morton, Contr. U. S. Natl. Herb. 38: 359. 1974.
叶革质，灰绿色，羽片基部半裂，向上浅裂或波状，上侧耳钝头，下侧斜切。

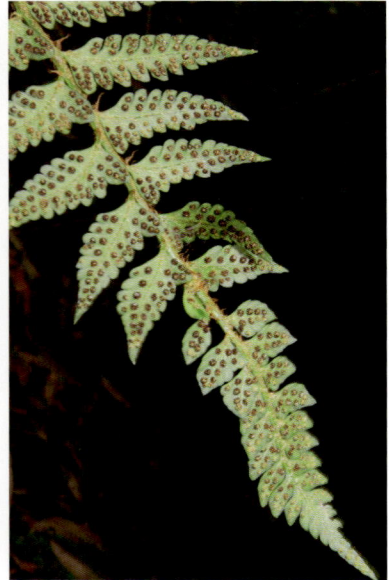

山东鞭叶蕨

Polystichum shandongense J. X. Li & Y. Wei, Acta Phytotax. Sin. 22: 164. 1984.
羽片带状披针形，边缘有内弯的尖齿牙。囊群多仅在羽片上侧呈 1 行。

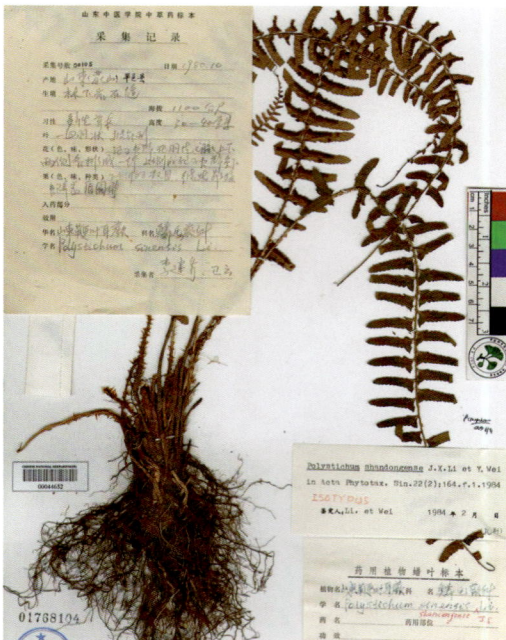

中华对马耳蕨

Polystichum sinotsus-simense Ching & Z. Y. Liu, Bull. Bot. Res., Harbin. 4(4): 18. 1984.
叶柄基部鳞片棕色，小羽片基部上侧无明显耳状凸起，近全缘。

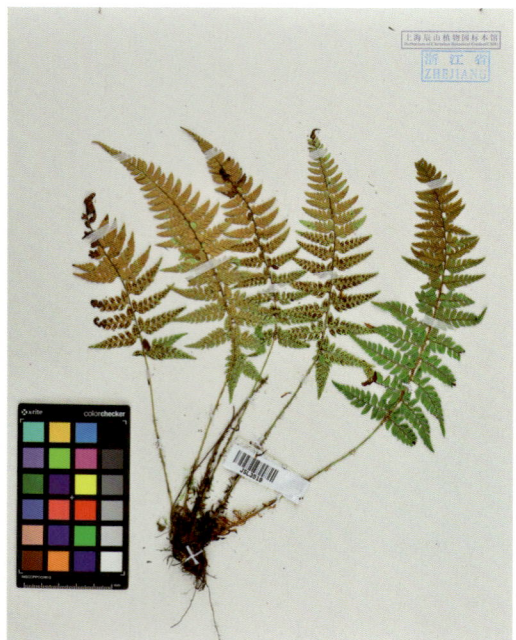

戟叶耳蕨

Polystichum tripteron (Kunze) C. Presl, Epimel. Bot. 55. 1849.

叶戟状，基部一对羽片明显较大且为一回羽状。

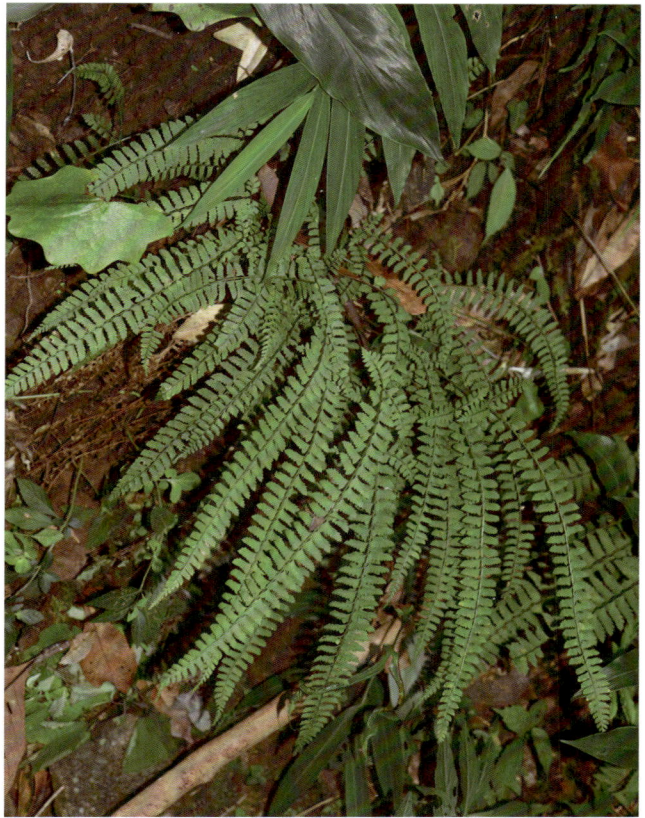

对马耳蕨

Polystichum tsus-simense (Hooker) J. Smith, Hist. Fil. 219. 1875.

叶柄基部黑棕色，叶二回羽状，羽片基部上侧小羽片增大，小羽片边缘有尖齿，顶部有1尖刺。

33

肾蕨科
Nephrolepidaceae

肾蕨属 *Nephrolepis* Schott

毛叶肾蕨

Nephrolepis brownii (Desvaux) Hovenkamp & Miyamoto, Blumea. 50: 293. 2005.

羽片上侧突起呈小耳状，边缘有顿锯齿，两侧有小鳞片。囊群近羽片边缘。

肾蕨

Nephrolepis cordifolia (Linnaeus) C. Presl, Tent. Pterid. 79. 1836.

羽片密集常覆瓦状排列，两面光滑。囊群在近主脉两侧隔一行。

三叉蕨科
Tectariaceae

三叉蕨属 *Tectaria* Cavanilles

毛叶轴脉蕨

Tectaria devexa Copel., Philipp. J. Sci., C. 2: 415. 1907.

基部羽片基部下侧小羽片明显伸长，叶两面被毛，小脉在羽轴两侧各 1 行网眼。

沙皮蕨

Tectaria harlandii (Hook.) C. M. Kuo, Taiwania. 47: 173. 2002.

叶二型，不育叶奇数一回羽状或三叉状，叶面光滑，能育叶较小。

条裂叉蕨

Tectaria phaeocaulis (Rosenst.) C. Chr., Index Filic., Suppl. 3: 183. 1934.

基部羽片的基部不对称，基部有 2 ～ 3 对分离小羽片，网状小脉的内藏小脉分叉。囊群生于内藏小脉顶端。

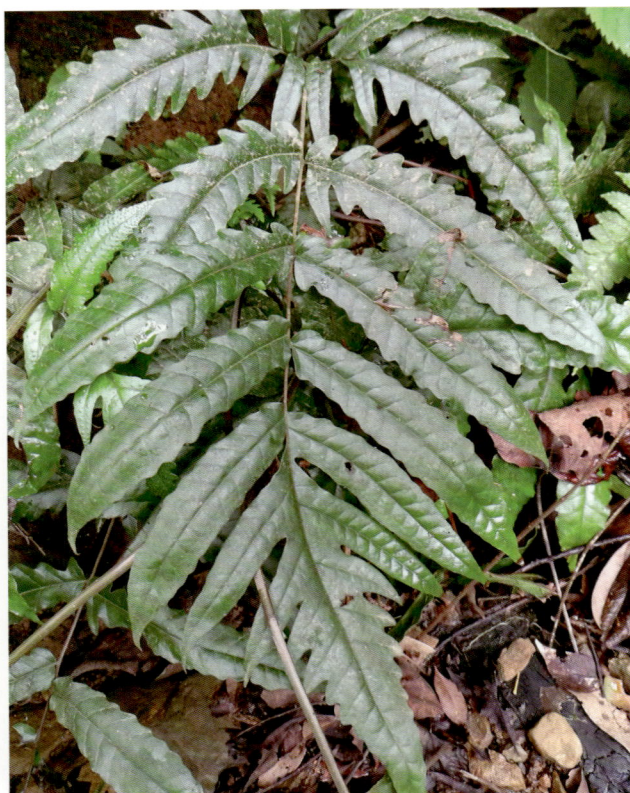

三叉蕨

Tectaria subtriphylla (Hooker & Arnott) Copeland, Philipp. J. Sci., C. 2: 410. 1907.

叶二型，可育叶较不育叶狭缩，羽片边缘有波状圆裂片。囊群生网结小脉上。

35

骨碎补科
Davalliaceae

骨碎补属 *Davallia* Smith

大叶骨碎补

Davallia divaricata Blume, Enum.
Pl. Javae. 2: 237. 1828.

叶四至五回羽裂状，末回小羽片
基部下侧下延，深羽裂，常 2 裂
为不等长尖齿。

杯盖阴石蕨

Davallia griffithiana Hook., Sp. Fil. 1: 168(1845).
根茎粗壮，鳞片黄棕色。囊群生于裂片上侧小脉顶端，囊群盖宽杯形。

鳞轴小膜盖蕨

Davallia perdurans Christ, Bull.
Herb. Boissier 6: 970(1898).
叶细裂，四回羽状，羽片无柄，
叶轴和羽轴疏被小鳞片。

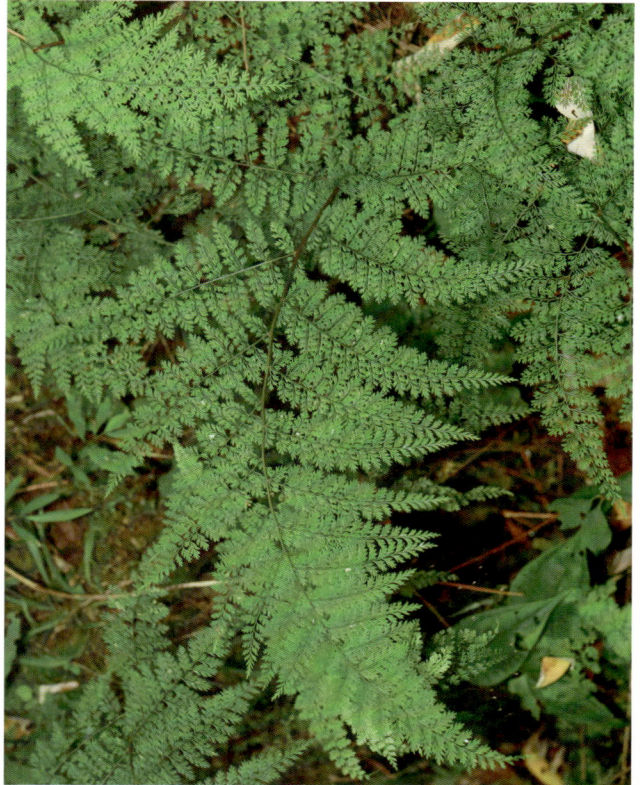

阴石蕨

Davallia repens (L. f.) Kuhn,
Filic. Afr. 27(1868), non (Bory)
Desv. (1827).
根茎细长，鳞片下边为白蜡
质，叶硬革质。囊群位于裂
片的齿牙上，靠近叶边。

骨碎补

Davallia trichomanoides Blume, Enum. Pl. Javae. 2: 238. 1828.

根茎鳞片灰棕色，蓬松，叶四回羽裂，裂片钝头，单一或二裂为不等长的钝齿。

36

水龙骨科
Polypodiaceae

分属检索表

1. 叶上具有星状毛，至少幼叶有 ··· 石韦属 *Pyrrosia*
1. 叶上不具星状毛，常具有鳞片、腺毛或不分叉的毛或光滑 ······················ 2
　2. 具特化的腐殖质积聚叶或扩大的基部 ································ 槲蕨属 *Drynaria*
　2. 无特化的腐殖质积聚叶或基部不扩大 ·· 3
　　3. 叶片为二回羽状分裂四回羽状 ·· 4
　　　4. 叶片为精细的三至四回羽状，疏被鳞片 ········· 雨蕨属 *Gymnogrammitis*
　　　4. 叶二回羽裂，两面被毛 ···························· 睫毛蕨属 *Pleurosoriopsis*
　　3. 叶为单叶、羽裂状或一回羽状，少有掌状分裂 ······························ 5
　　5. 叶柄和（或）叶片边缘具硬毛，叶表面常具2叉毛或腺毛 ··············· 6
　　　6. 叶片单一 ·· 滨禾蕨属 *Oreogrammitis*
　　　6. 叶片羽裂 ·· 锯蕨属 *Micropolypodium*
　　5. 叶柄和（或）叶片边缘光滑或具鳞片，少数被柔毛 ······················ 7
　　　7. 孢子囊汇合成片，覆盖叶背大部分 ·················· 薄唇蕨属 *Leptochilus*
　　　7. 孢子囊聚集成分离孢子囊群或汇成线状囊群，不覆盖叶背 ············· 8
　　　　8. 孢子囊圆形，散生，从不汇合 ·· 9
　　　　　9. 叶片全缘 ·· 10
　　　　　　10. 叶纸质或近肉质，叶柄圆形 ··························· 星蕨属 *Microsorum*
　　　　　　10. 叶薄草质，叶柄三棱形或圆形 ·············· 膜叶星蕨属 *Bosmania*
　　　　　9. 叶片羽状分裂或羽状 ·· 11
　　　　　　11. 根茎鳞片细筛孔状，不透明 ··············· 节肢蕨属 *Arthromeris*
　　　　　　11. 根茎鳞片粗筛孔状，透明 ················ 棱脉蕨属 *Schellolepis*
　　　　8. 囊群圆形、椭圆形，不联合或汇生成线形 ······························ 12
　　　　12. 囊群连续，与中肋呈一定角度，与侧脉平行 ····························
　　　　　　··· 剑蕨属 *Loxogramme*
　　　　12. 囊群常间断不连续，与中肋平行 ·· 13
　　　　　13. 鳞片细筛孔状，不透明 ··························· 修蕨属 *Selliguea*
　　　　　13. 鳞片粗筛孔状 ·· 14
　　　　　　14. 根茎粗壮，叶一型 ································ 瓦韦属 *Lepisorus*
　　　　　　14. 根茎细长，叶常二型 ············ 伏石蕨属 *Lemmaphyllum*

节肢蕨属 *Arthromeris* (T. Moore) J. Smith

节肢蕨

Arthromeris lehmannii (Mettenius) Ching, Contr. Inst. Bot. Natl. Acad. Peiping. 2(3): 96. 1933.

叶背疏被柔毛，鳞片上半部急剧狭缩。囊群在羽片主脉两侧 2 ～ 3 行。

龙头节肢蕨

Arthromeris lungtauensis Ching, Contr. Inst. Bot. Natl. Acad. Peiping. 2(3): 98. 1933.

叶片两面密被柔毛，鳞片披针形。囊群在羽片主脉两侧 3 ～ 5 行。

多羽节肢蕨

Arthromeris mairei (Brause) Ching,
Sunyatsenia. 6(1): 6. 1941.
叶两面光滑。囊群在羽片主脉两侧
多行（小）或各 1 行（大）。

膜叶星蕨属 *Bosmania* Testo

膜叶星蕨

Bosmania membranacea
(D. Don) Testo, Syst. Bot.
44(4): 744. 2019.
单叶，薄草质，叶柄横
切面近三角形或圆形，
叶缘略波状，网脉内有
小脉。

槲蕨属 *Drynaria* (Bory) J. Smith

崖姜

Drynaria coronans J. Sm., Index Fil. 345. 1862.

叶大而粗生成鸟巢状，基部扩大呈耳形，厚革质，羽状深裂，全缘。

槲蕨

Drynaria roosii Nakaike, New Fl. Jap. Pterid. 841. 1992.

叶二型，不育叶圆形，能育叶柄有翅；根茎粗壮，密被红棕色鳞片。

棱脉蕨属 *Goniophlebium* (Blume) Presl

友水龙骨

Goniophlebium amoenum (Wall. ex Mett.) Bedd., Ferns Brit. India 1: 5, ad pl. 5. 1866.

根茎密被鳞片无白粉，裂片渐尖头，边缘有锯齿。囊群中生。

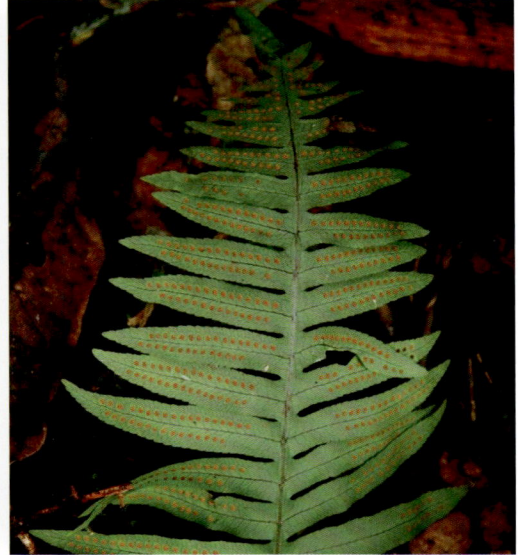

中华水龙骨

Goniophlebium chinense (Christ) X. C. Zhang, Lycophytes Ferns China 622. 2012.

根茎密被鳞片无白粉，裂片急尖头，边缘有缺刻。囊群近中肋。

蒙自拟水龙骨

Goniophlebium mengtzeense (Christ) Rödl-Linder, Philipp. J. Sci. 116(2): 154. 1987.

根状茎被白粉，疏生鳞片，叶具顶生羽片，羽片有浅锯齿。

日本水龙骨

Goniophlebium niponicum (Mett.) Bedd., Handb. Suppl. 90. 1892.

根茎常被白粉和稀疏鳞片，叶背面有柔毛，裂片全缘。

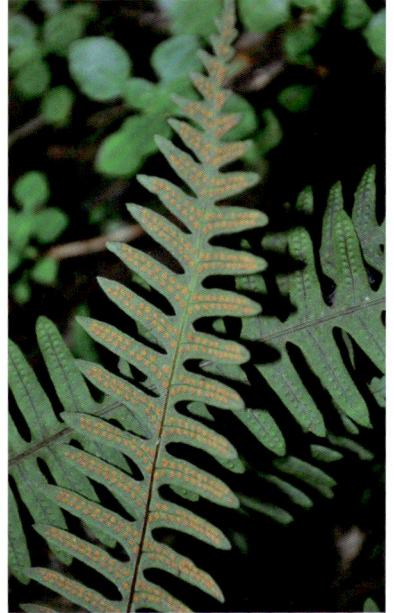

雨蕨属 *Gymnogrammitis* Griffith

雨蕨

Gymnogrammitis dareiformis (Hooker) Ching ex Tardieu & C. Christensen, Notul. Syst. (Paris). 6: 2. 1937.

叶四回羽状裂，细裂，叶柄具关节与叶基连接。

伏石蕨属 *Lemmaphyllum* C. Presl

抱石莲

Lemmaphyllum drymoglossoides (Baker) Ching, Bull. Fan Mem. Inst. Biol. 4: 100. 1933.

叶二型，不育叶长圆形，可育叶舌形或倒披针形。囊群圆形。

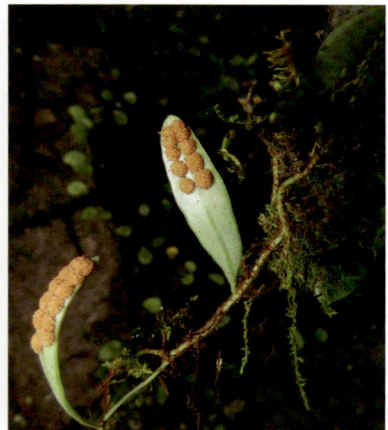

伏石蕨

Lemmaphyllum microphyllum C. Presl, Epimel. Bot. 236. 1849.
叶二型，不育叶圆形，可育叶狭长。囊群汇成线形。

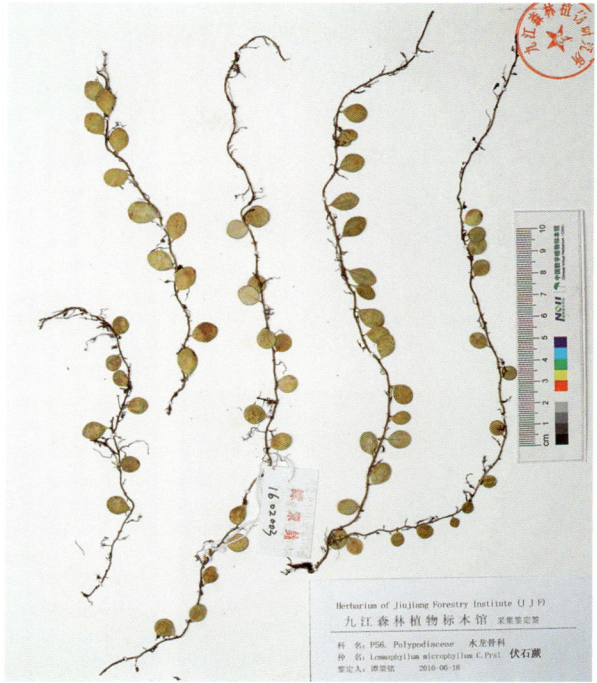

倒卵伏石蕨

Lemmaphyllum microphyllum var. *obovatum* (Harrington) C. Christensen, Dansk Bot. Ark. 6: 47. 1929.
《中国生物物种名录 2024 版》中记载分布于浙江省和福建省，野外未见，未检索到标本。

瓦韦属 *Lepisorus* (J. smith) Ching

狭叶瓦韦

Lepisorus angustus Ching, Bull. Fan Mem. Inst. Biol. 4: 86. 1933.
根茎鳞片棕色，中部不透明；叶宽 0.5cm 以下，全缘，革质。囊群生叶上半部。

黄瓦韦

Lepisorus asterolepis (Baker) Ching,
Fl. Jiangxi. 1: 310. 1993.
根茎鳞片褐色，透明；叶宽可达
3cm，边缘波状，叶背疏有小鳞片。

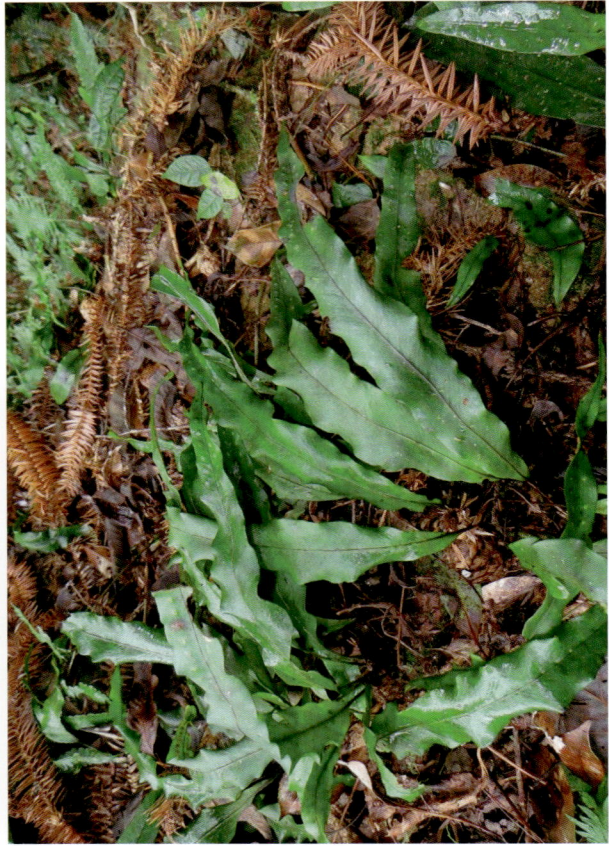

披针骨牌蕨

Lepisorus diversum (Rosenst.) C. F. Zhao, R. Wei & X. C. Zhang, Cladistics 36: 252. 2020.
叶二型，革质，不育叶阔披针形，可育叶狭披针形。

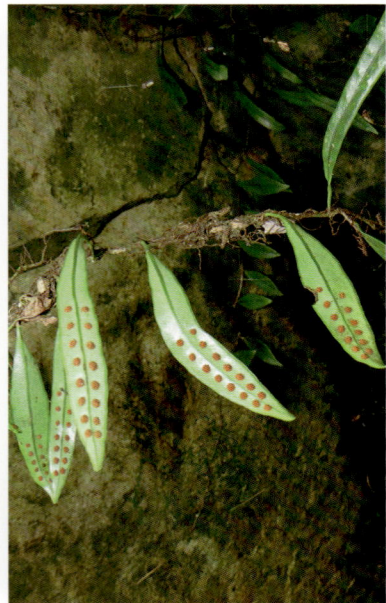

鳞果星蕨

Lepisorus buergerianus (Miq.) C. F. Zhao, R. Wei & X. C. Zhang, Cladistics 36: 253. 2020.

叶披针形或三角形，厚纸质。囊群散布于主脉两侧。

扭瓦韦

Lepisorus contortus (Christ) Ching, Bull. Fan Mem. Inst. Biol. 4: 90. 1933.

根茎鳞片棕色，中间有不透明带；叶短尾状渐尖，宽约 1cm，干后常反卷扭曲。

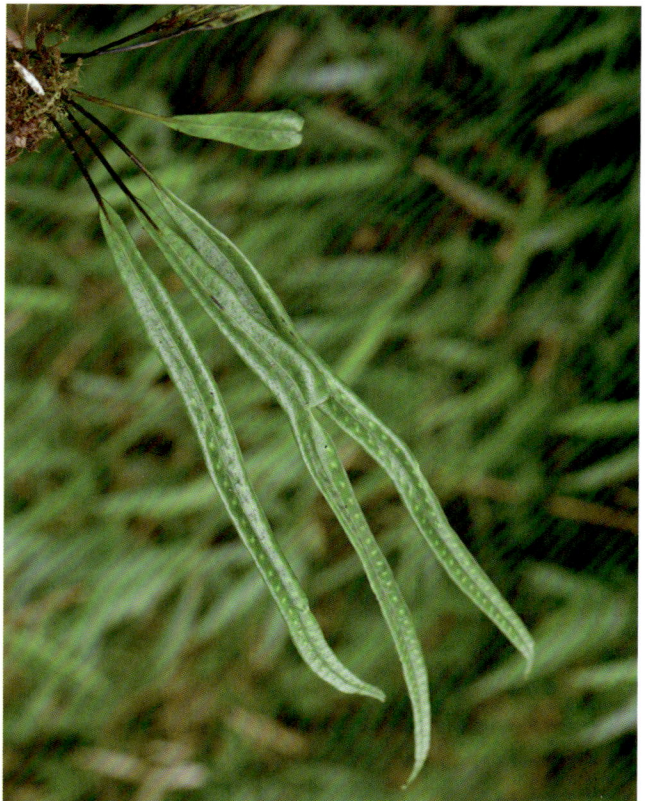

江南星蕨

Lepisorus fortunei (T. Moore) C. M. Kuo, Taiwania 30: 68. 1985.
根茎顶部密生鳞片，中部鳞片稀疏。叶线状披针形，基部下延成翅。囊群近中脉，两侧各1行，有时两行。

鳞瓦韦

Lepisorus oligolepidus (Hayata) Tagawa, Acta Phytotax. Geobot. 5(2): 109. 1936.
根茎鳞片中部褐色不透明，叶上面光滑，背面被有较多小鳞片。

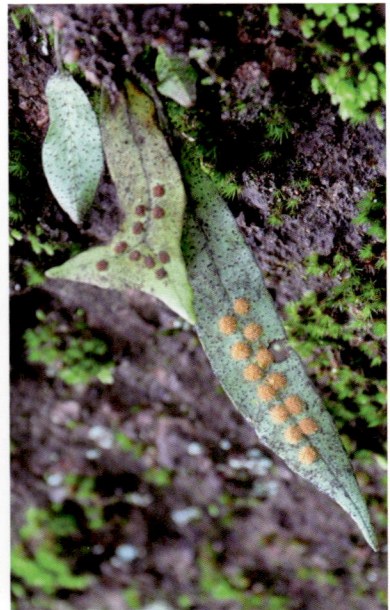

庐山瓦韦

Lepisorus lewisii (Baker) Ching, Bull. Fan Mem. Inst. Biol. 4: 65. 1933.

叶线形，革质，边缘强度反卷，呈念珠状。囊群深陷叶肉中。

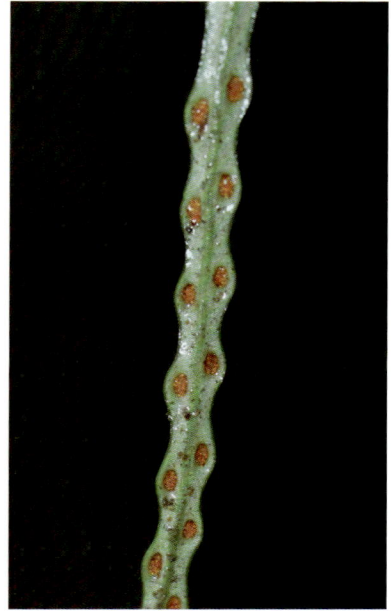

大瓦韦

Lepisorus macrosphaerus (Baker) Ching, Bull. Fan Mem. Inst. Biol. 4: 73. 1933.

鳞片棕色，筛孔壁厚。叶短尾状渐尖，边缘略波状。囊群近叶边缘。

有边瓦韦

Lepisorus marginatus Ching, Fl. Tsinling. 2: 233. 1974.

鳞片棕褐色，叶边缘有骨质狭边。囊群中生。

丝带蕨

Lepisorus miyoshianus (Makino) Fraser-Jenkins & Subh. Chandra, Taxon. Revis. Indian Subcontinental Pteridophytes. 37. 2008.

叶长线形，革质。囊群为 1 对连续的线形，沿中肋两边的纵沟内着生。

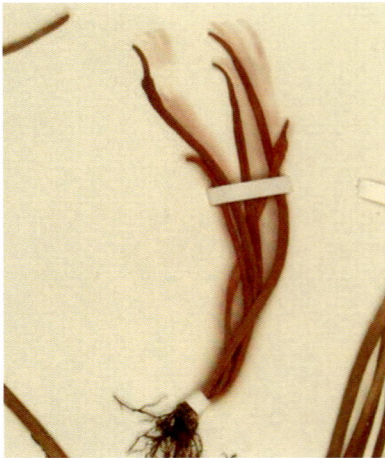

粤瓦韦

Lepisorus obscurevenulosus (Hayata) Ching, Bull. Fan Mem. Inst. Biol. 4: 76. 1933.

鳞片褐色，中间有不透明带。叶柄栗色，先端长尾状。

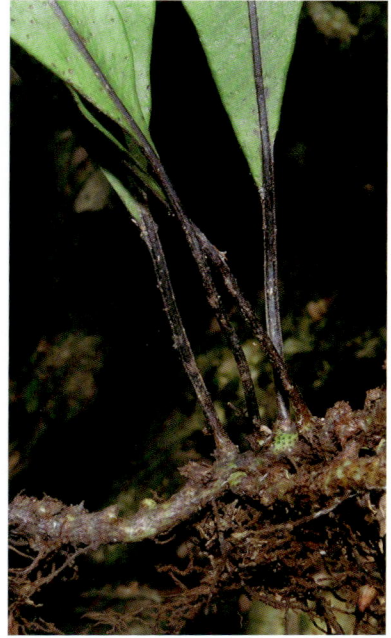

稀鳞瓦韦

Lepisorus oligolepidus (Baker) Ching, Bull. Fan Mem. Inst. Biol. 4: 80. 1933.

鳞片中部褐色，不透明。叶下面被棕色透明鳞片。

盾蕨

Lepisorus ovatus (Wall. ex Bedd.) C. F. Zhao, R. Wei & X. C. Zhang, Cladistics 36: 251. 2020.

根茎和叶柄基部密被褐色鳞片，叶片侧脉明显。囊群在主脉两侧各 1 或 2 行。

梨叶骨牌蕨

Lepisorus pyriformis (Ching) C. F. Zhao, R. Wei & X. C. Zhang, Cladistics 36: 252. 2020.

叶二型，肉质，不育叶梨形，可育叶狭披针形。囊群近主脉。

骨牌蕨

Lepisorus rostratus (Bedd.) C. F. Zhao, R. Wei & X. C. Zhang, Cladistics 36: 252. 2020.
叶一型，肉质，阔披针形或椭圆形，钝圆头，基部下延。囊群近主脉。

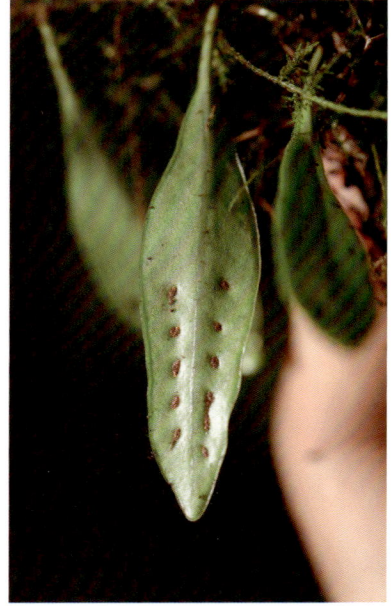

滇鳞果星蕨

Lepisorus subhemionitideus (Christ) C. F. Zhao, R. Wei & X. C. Zhang, Cladistics 36: 253. 2020.
攀缘，叶片亮绿色，纸质，线状披针形，基部下延至叶柄基部。囊群散布叶背。

表面星蕨

Lepisorus superficialis (Blume) C. F. Zhao, R. Wei & X. C. Zhang, Cladistics 36: 253. 2020.

攀缘，叶柄两侧有狭翅，主脉两面明显，厚纸质，两面光滑。囊群小而密。

瓦韦

Lepisorus thunbergianus (Kaulfuss) Ching, Bull. Fan Mem. Inst. Biol. 4: 88. 1933.

鳞片褐色，大部分不透明。叶线状披针形。囊群相距较近，熟后几密接。

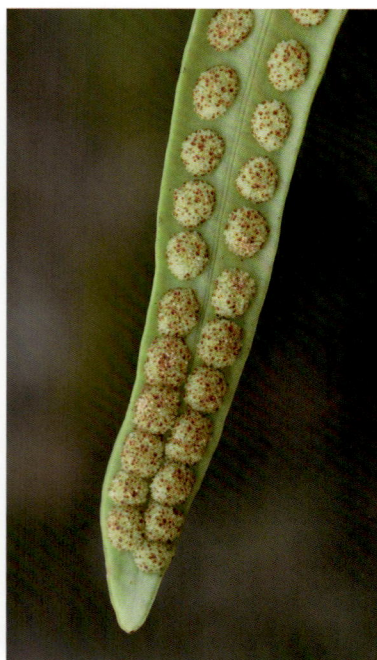

阔叶瓦韦

Lepisorus tosaensis (Makino) H. Itô, J. Jap. Bot. 11: 93. 1935.
该种和瓦韦相似，但本种叶片披针形，中部宽在 1 ～ 2cm。囊群成熟后不密接。

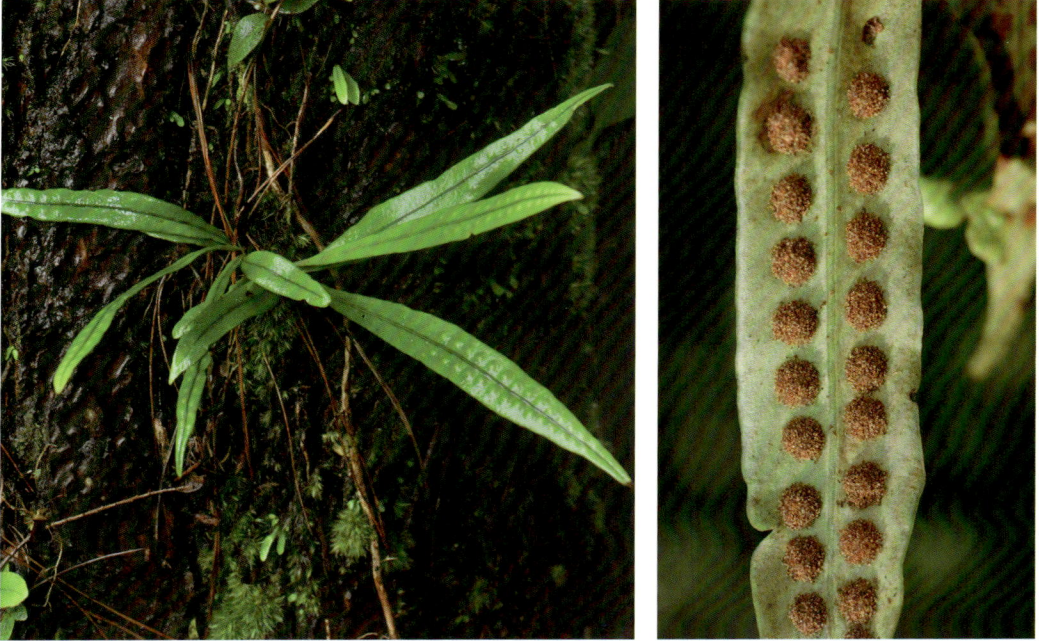

乌苏里瓦韦

Lepisorus ussuriensis (Regel & Maack) Ching, Bull. Fan Mem. Inst. Biol. 4: 91. 1933.
根茎鳞片褐色，网眼大而透明，顶端延伸呈长芒，叶背平滑，短渐尖头或钝头。

远叶瓦韦

Lepisorus ussuriensis var. *distans* (Makino) Tagawa, Acta Phytotax. Geobot. 11: 236. 1942.

该种与乌苏里瓦韦相似，但叶背有鳞片，叶渐尖头。

| 薄唇蕨属 | *Leptochilus* Kaulfuss |

线蕨

Leptochilus ellipticus (Thunberg) Nooteboom, Blumea. 42: 283. 1997.

叶整齐一会羽裂，近二型，叶轴具狭翅，裂片狭长，全缘，边缘略波状。

曲边线蕨

Leptochilus ellipticus var. *flexilobus* (Christ) X. C. Zhang, Lycophytes Ferns China. 652. 2012.

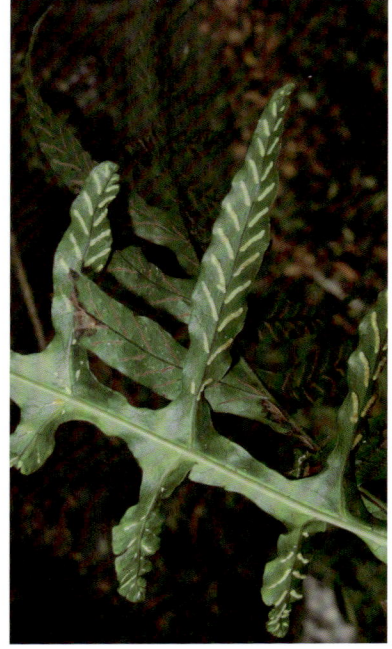

叶轴具宽翅，边缘明显波状。

宽羽线蕨

Leptochilus ellipticus var. *pothifolius* (Buchanan-Hamilton ex D. Don) X. C. Zhang, Lycophytes Ferns China. 653. 2012.

该种与线蕨的区别在于裂片较宽，羽轴有宽翅，裂片边缘常褶皱。

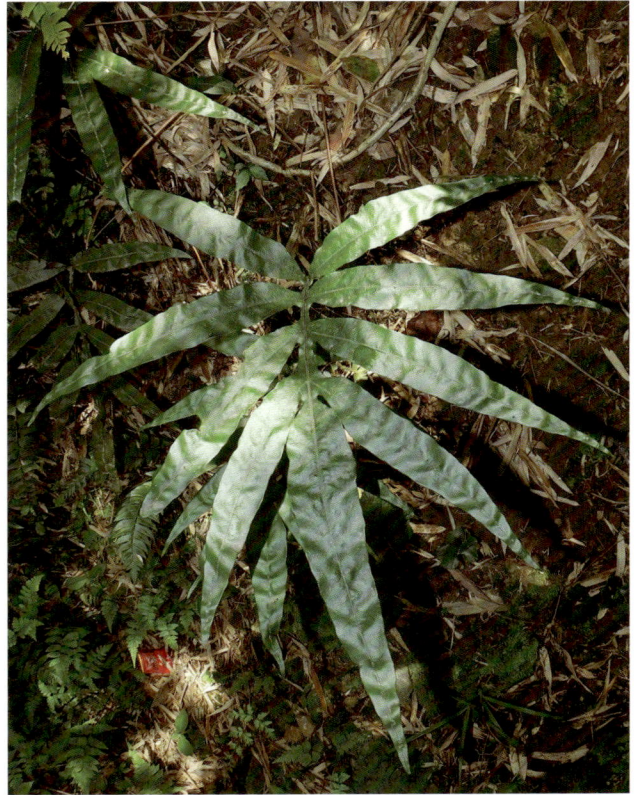

矩圆线蕨

Leptochilus henryi (Baker) X. C. Zhang, Lycophytes Ferns China. 654. 2012.

单叶，叶片椭圆形，通常中部以下急狭缩，基部下延成翅，边缘略波状。

断线蕨

Leptochilus hemionitideus (C. Presl) Nooteboom, Blumea. 42: 285. 1997.

单叶，阔披针形，侧脉两面明显，叶基部下延至叶柄基部。囊群呈间断线形。

胄叶线蕨

Leptochilus × hemitomus (Hance) Nooteboom, Blumea. 42: 293. 1997.

单叶，基部有不规则裂片，边缘略波状。

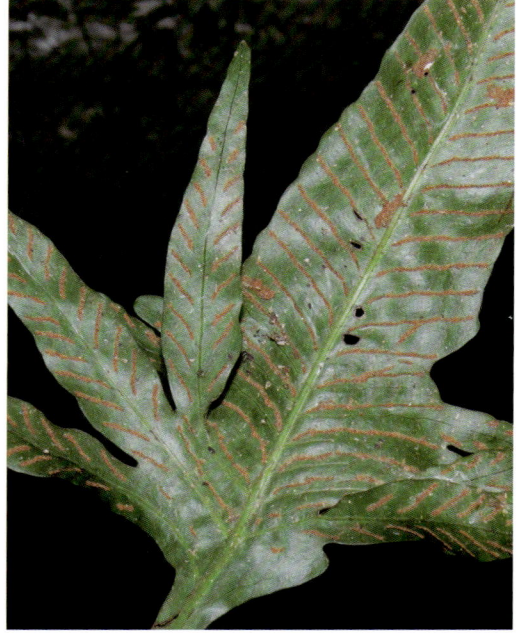

绿叶线蕨

Leptochilus leveillei (Christ) X. C. Zhang & Nooteboom, Fl. China. 2&3: 835. 2013.

单叶，狭线形，叶片渐下延近至基部，叶脉明显，叶背无鳞片。

褐叶线蕨

Leptochilus wrightii (Hooker & Baker) X. C. Zhang, Lycophytes Ferns China. 656. 2012.

单叶，倒披针形，基部下延成翅至叶柄基部，边缘浅波状，叶背疏生小鳞片。

有翅星蕨

Leptochilus pteropus (Blume) Fraser-Jenk., Taxon. Revis. Indian Subcontinental Pteridophytes 62. 2008.

叶为三深裂或全缘，叶柄有翅，侧脉下面明显，形成的大网眼内有小网眼。

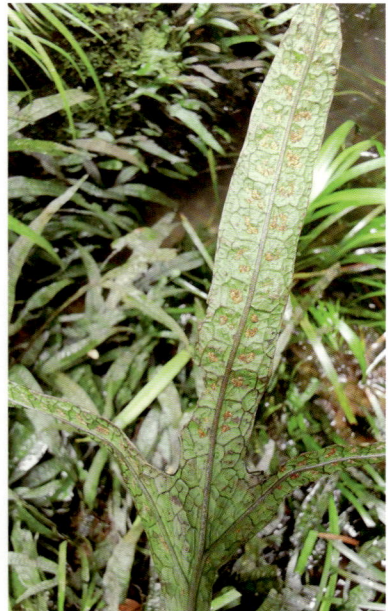

剑蕨属 *Loxogramme* (Blume) C. Presl

黑鳞剑蕨

Loxogramme assimilis Ching, Bull. Dept. Biol. Sun Yatsen Univ. 6: 31. 1933.

根茎粗短，鳞片深褐色或黑色，叶几无柄，两面光滑，叶长 15 ～ 20cm。

中华剑蕨

Loxogramme chinensis Ching, Sinensia.
1: 13. 1929.

根茎长横走，叶有短柄，披针形，顶端锐尖，叶长 5 ～ 12cm。

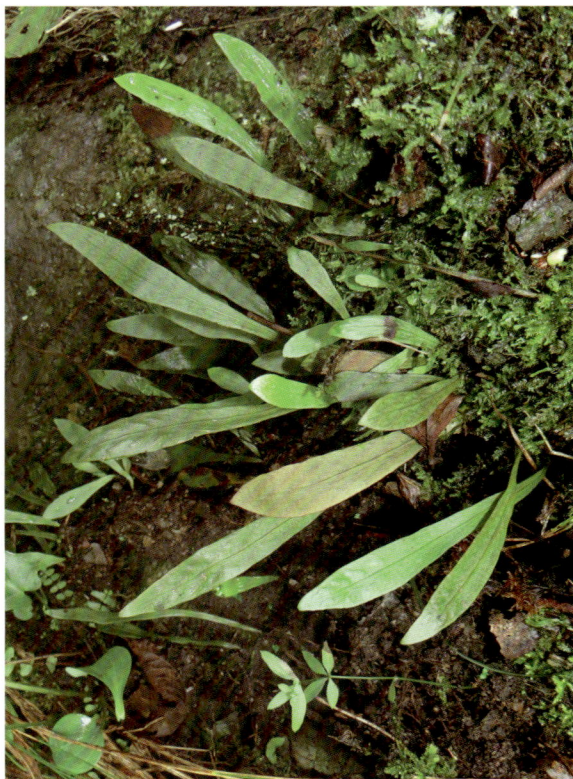

褐柄剑蕨

Loxogramme duclouxii Christ, Bull. Acad. Int. Géogr. Bot. 16: 140. 1907.

根茎长横走，多光滑，叶线状倒披针形，有长柄，基部亮褐色，有关节。

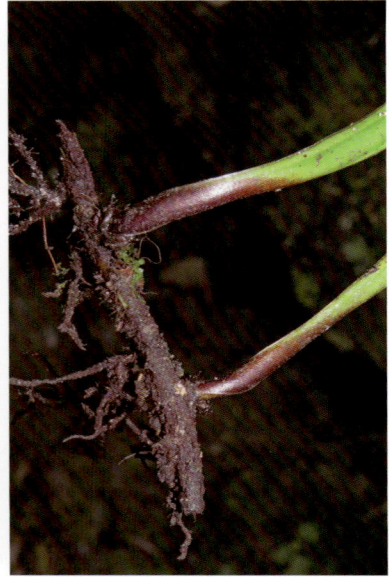

匙叶剑蕨

Loxogramme grammitoides (Baker) C. Christensen, Index Filic., Suppl. 2: 21. 1917.

根茎长横走，叶匙形或倒披针形，顶端急尖，叶长 5 ～ 8cm。

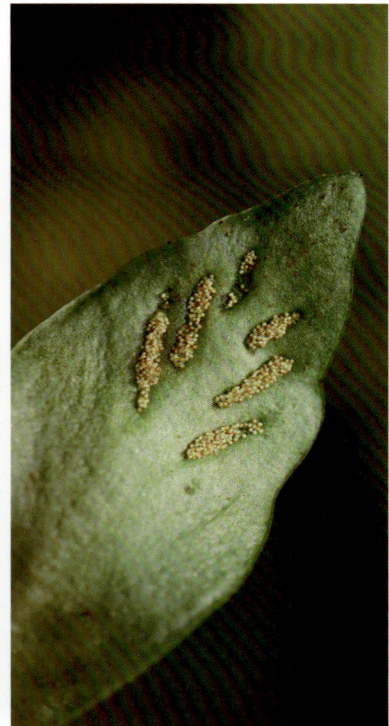

柳叶剑蕨

Loxogramme salicifolia (Makino) Makino, Bot. Mag. (Tokyo). 19: 138. 1905.

根茎横走，被褐色鳞片，叶披针形，明显有柄，顶端长渐尖。

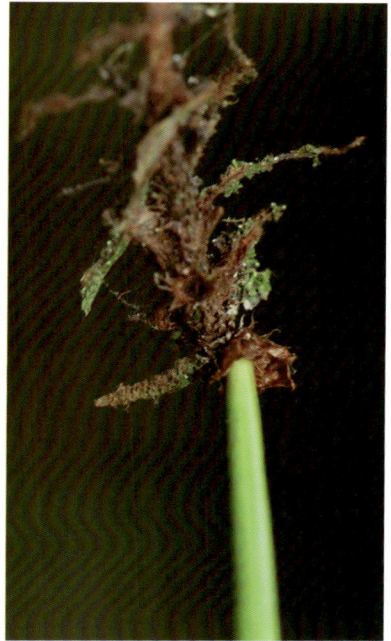

锯蕨属 *Micropolypodium* Hayata

锯蕨

Micropolypodium okuboi (Yatabe) Hayata, Bot. Mag. (Tokyo). 42: 341. 1928.

叶簇生，柄极短，裂片多数，两面被暗棕色长刚毛。

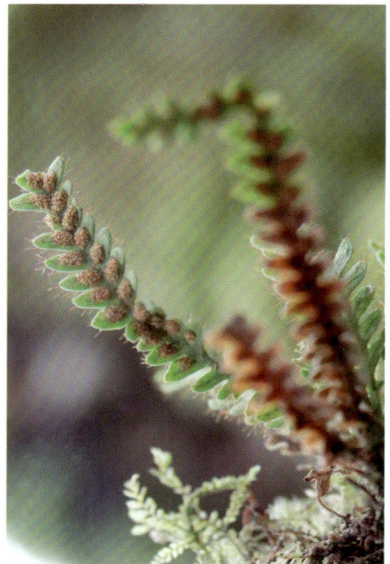

星蕨属 *Microsorum* Link

羽裂星蕨

Microsorum insigne (Blume) Copeland, Univ. Calif. Publ. Bot. 16: 112. 1929.

根茎粗短横走，肉质，疏被鳞片。叶一回深羽裂，基部下延至叶柄基部。囊群散布于网脉联结处。

滨禾蕨属 *Oreogrammitis* Copeland

短柄滨禾蕨

Oreogrammitis dorsipila Parris, Gard. Bull. Singapore. 58: 259. 2007.

多生于石上或树干上湿润苔藓丛中，单叶，叶柄有红棕色长硬毛。

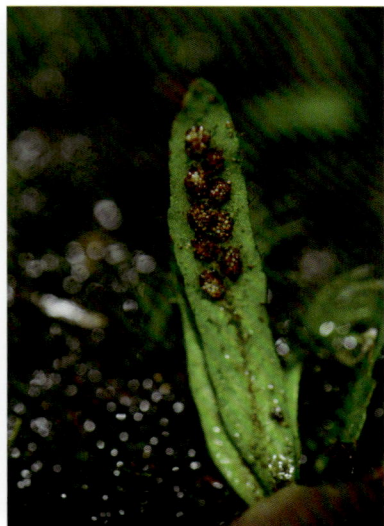

睫毛蕨属 *Pleurosoriopsis* Fomin

睫毛蕨

Pleurosoriopsis makinoi (Maxim. ex Makino) Fomin, Izv. Kievsk. Bot. Sada. 11: 8. 1930.

叶两面被节状毛，边缘有睫毛。囊群无盖。华东新分布物种。

石韦属 *Pyrrosia* Mirbel

贴生石韦

Pyrrosia adnascens (Swartz) Ching, Bull. Chin. Bot. Soc. 1: 45. 1935.

叶二型，肉质，不育叶小，椭圆形，可育叶条状或狭长披针形。

石蕨

Pyrrosia angustissima (Giesenhagen ex Diels) Tagawa & K. Iwatsuki, Acta Phytotax. Geobot. 26: 171. 1975.

叶线形，能育叶近圆柱状。囊群线形，沿主脉两侧各一行。

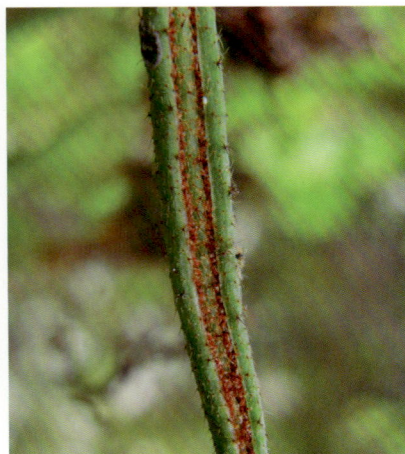

相近石韦

Pyrrosia assimilis (Baker) Ching, Bull. Chin. Bot. Soc. 1: 49. 1935.

叶一型，无柄，钝圆头，基部几不变狭而呈带状，纸质，两面被毛。

光石韦

Pyrrosia calvata (Baker) Ching, Bull. Chin. Bot. Soc. 1: 62. 1935.

叶具长柄，叶片狭长披针形，革质，正面光滑，亮绿色，背面被毛，淡棕色。

华北石韦

Pyrrosia davidii (Giesenhagen ex Diels) Ching, Acta Phytotax. Sin. 10: 301. 1965.

该种与相近石韦相似，但叶具明显的柄，叶基部下延沿叶柄成翅。

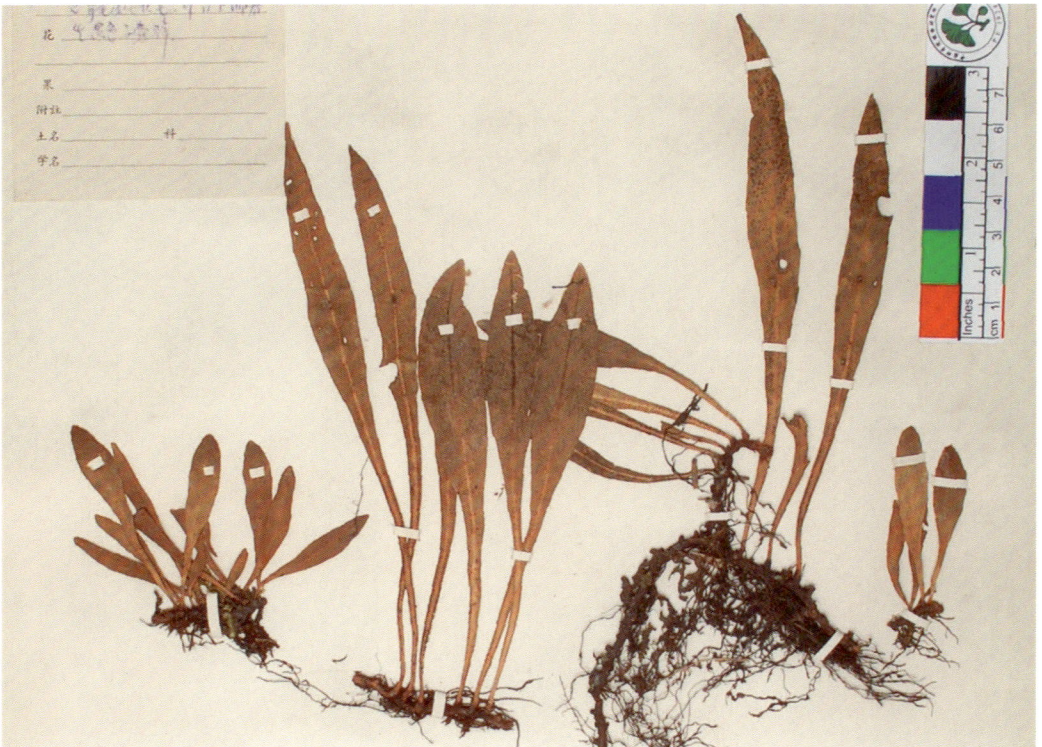

戟叶石韦

Pyrrosia hastata (Houttuyn) Ching, Bull. Chin. Bot. Soc. 1: 48. 1935.

叶具长柄，木质；叶片戟形，全缘，上面光滑灰绿色，下面灰棕色。

石韦

Pyrrosia lingua (Thunberg) Farwell, Amer. Midl. Naturalist. 12: 302. 1931.

叶原生，近二型，叶变化较大，硬革质，正面光滑，背面密被砖红色毛。

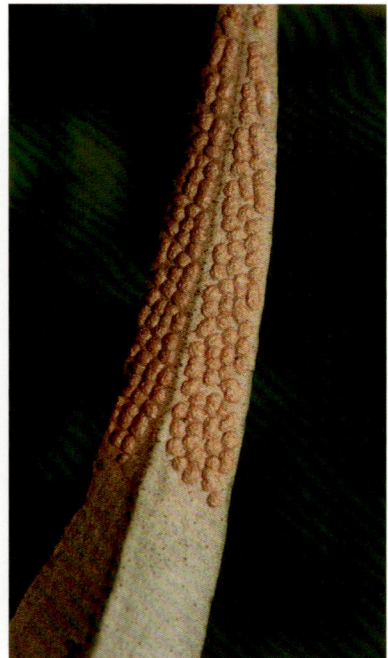

庐山石韦

Pyrrosia sheareri (Baker) Ching, Bull. Chin. Bot. Soc. 1: 64. 1935.
叶片软革质，基部最宽，截形或心形，不对称。

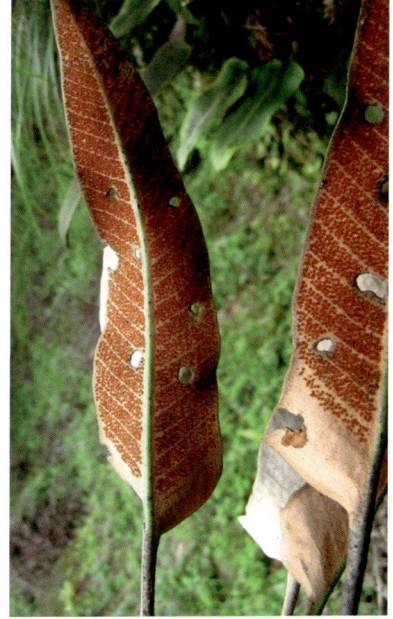

修蕨属 *Selliguea* Bory

灰鳞假瘤蕨

Selliguea albipes (C. Christensen & Ching) S. G. Lu, Hovenkamp & M. G. Gilbert, Fl. China 2&3: 782. 2013.
叶深羽裂，基部 1 对裂片反折，叶片叶缘具整齐的缺刻。

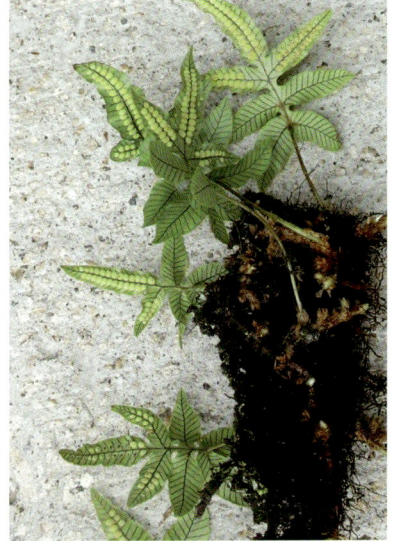

交连假瘤蕨

Selliguea conjuncta (Ching) S. G. Lu, Hovenkamp & M. G. Gilbert, Fl. China 2&3: 784. 2013.

叶深羽裂，裂片 2 ～ 4 对，基部一对反折，叶缘每缺刻具 1 尖锐齿。

掌叶假瘤蕨

Selliguea digitata (Ching) S. G. Lu, Hovenkamp & M. G. Gilbert, Fl. China 2&3: 778. 2013.

单叶，掌状五分裂，长和宽几乎相等，叶背灰白色。

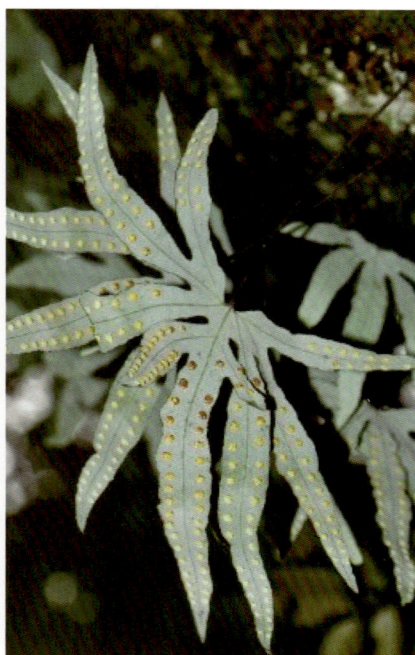

恩氏假瘤蕨

Selliguea engleri (Luerssen) Fraser-Jenkins, Taxon. Revis. Indian Subcontinental Pteridophytes. 46. 2008.

叶一型，倒披针形，叶缘波状，有缺刻，叶基部楔形。

大果假瘤蕨

Selliguea griffithiana (Hooker) Fraser-Jenkins, Taxon. Revis. Indian Subcontinental Pteridophytes. 47. 2008.

叶一型，披针形，全缘，叶片基部阔楔形，远轴表面黄绿色。

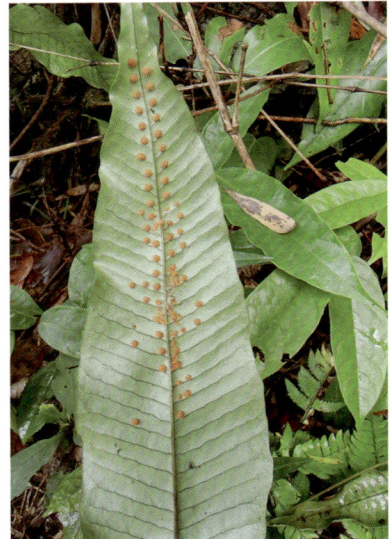

金鸡脚假瘤蕨

Selliguea hastata (Thunberg) Fraser-Jenkins, Taxon. Revis. Indian Subcontinental Pteridophytes. 44. 2008.

叶片单叶或三裂呈戟状，叶缘有缺刻。

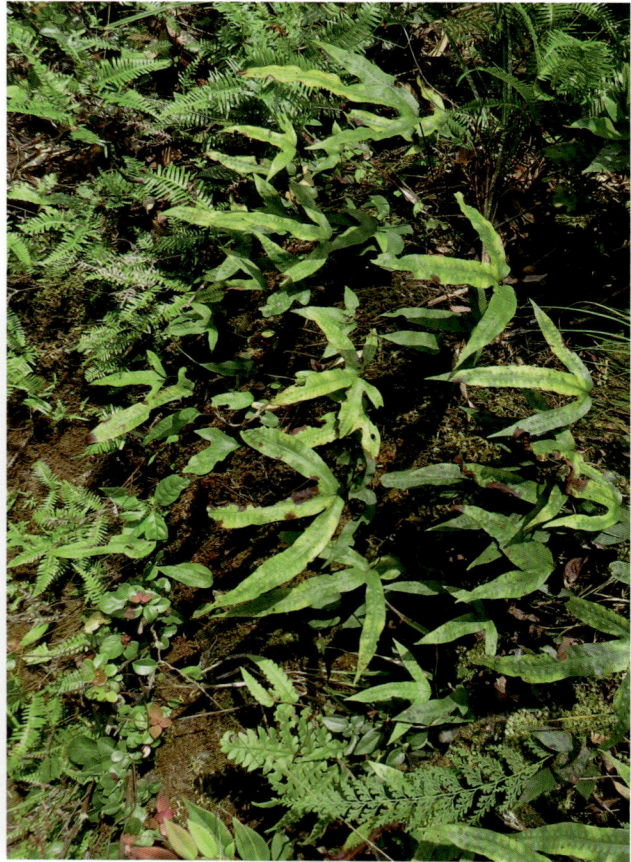

宽底假瘤蕨

Selliguea majoensis (C. Christensen) Fraser-Jenkins, Taxon. Revis. Indian Subcontinental Pteridophytes. 48. 2008.

叶一型，披针形，全缘，叶基部圆截形。孢子囊表面生。

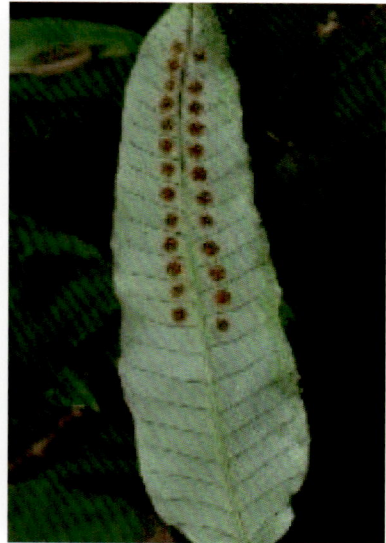

喙叶假瘤蕨

Selliguea rhynchophylla (Hooker) Fraser-Jenkins, Taxon. Revis. Indian Subcontinental Pteridophytes. 48. 2008.

叶二型，不育叶片卵形，叶柄短，能育叶片长条形，叶柄长。

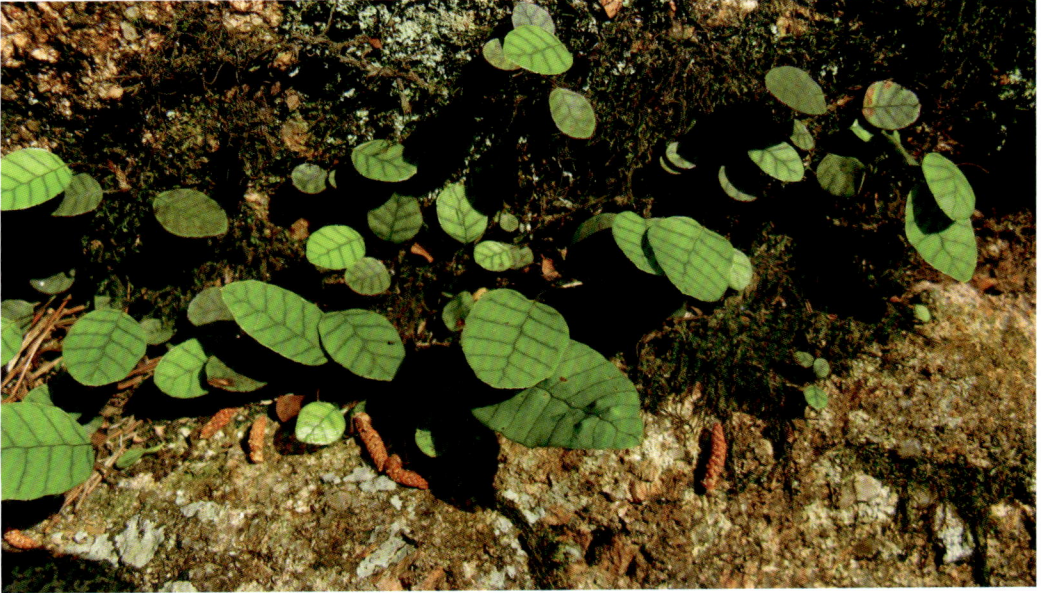

屋久假瘤蕨

Selliguea yakushimensis (Makino) Fraser-Jenkins, Taxon. Revis. Indian Subcontinental Pteridophytes. 46. 2008.

叶一型，卵状披针形，叶缘有缺刻。孢子囊群在叶背凹陷，正面凸起状。

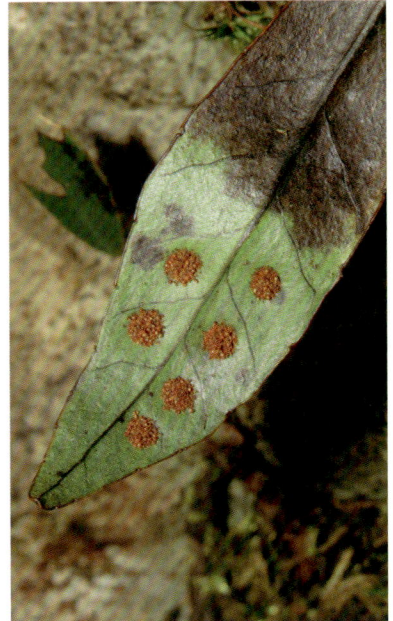

参考文献

安徽植物志协作组, 1985. 安徽植物志 第一卷[M]. 合肥: 安徽科技出版社.

陈汉斌, 郑亦津, 李法曾, 1990. 山东植物志 上卷[M]. 青岛: 青岛出版社.

福建省科学技术委员会福建植物志编写组, 1982. 福建植物志 第一卷[M]. 福州: 福建科学技术出版社.

付厚华, 马良, 韦宏金, 等, 2022. 福建省蕨类植物分布新记录(Ⅱ)[J]. 植物资源与环境学报, 31(6): 93-95.

顾钰峰, 商辉, 陈彬, 等, 2015. 福建省石松类植物和蕨类植物分布新记录[J]. 植物资源与环境学报, 24(1): 116-118.

顾钰峰, 韦宏金, 卫然, 等, 2014. 中国双盖蕨属一新记录种—— *Diplazium × kidoi* Sa. Kurata[J]. 植物科学学报, 32(4): 336-339.

何丽娟, 池敏杰, 林德钦, 等, 2019. 福建省蕨类植物新纪录种——粉叶蕨[J]. 亚热带植物科学, 48(4): 354-355.

江西植物志编辑委员会, 1993. 江西植物志 第一卷[M]. 南昌: 江西科学技术出版社.

金冬梅, 严岳鸿, 2022. 华东石松类与蕨类植物多样性编目[M]. 杭州: 浙江大学出版社.

孔宪需, 2001. 中国植物志 第五卷 第二分册[M]. 北京: 科学出版社.

李晓娟, 周国富, 徐宁, 等, 2016. 山东石松类和蕨类植物新记录[J]. 广西植物, 36(10): 1214-1219.

梁同军, 彭焱松, 张丽, 等, 2020. 江西省蕨类植物新记录[J]. 江西科学, 38(6): 851-852, 860.

林峰, 梅旭东, 郑立新, 等, 2020. 采自温州的浙江省蕨类新记录[J]. 浙江林业科技, 40(3): 95-98.

林沁文, 2015. 福建蕨类植物新资料[J]. 亚热带植物科学, 44(1): 56-57.

林尤兴, 2000. 中国植物志 第六卷 第二分册[M]. 北京: 科学出版社.

刘启新, 汪庆主, 2015. 江苏植物志 第一卷[M]. 南京: 江苏凤凰科学技术出版社.

马金双, 2013. 上海维管植物名录[M]. 北京: 高等教育出版社.

马良, 陈新艳, 刘晨舒, 等, 2023. 福建省蕨类植物分布新记录[J]. 南方林业科学, 51(3): 56-57, 64.

秦仁昌, 1959. 中国植物志 第二卷[M]. 北京: 科学出版社.

秦仁昌, 1990. 中国植物志 第三卷 第一分册[M]. 北京: 科学出版社.

舒江平, 罗俊杰, 韦宏金, 等, 2018. 基于模式产地的分子学证据澄清南平鳞毛蕨的分类学地位[J]. 植物学报, 53(6): 793-800.

唐春艳, 谢学强, 李佳, 等, 2021. 食用蕨类植物研究现状及展望[J]. 现代园艺, 44(23): 45-46, 48.

王浩威, 戴晶敏, 陈再雄, 等, 2022. 中国东南部复苏卷柏一新种: 东方卷柏——基于形态学和分子生物学证据[J]. 中山大学学报(自然科学版), 61(2): 57-64.

王强, 陈贤兴, 陈小荣, 等, 2022. 浙江省2种蕨类植物新记录[J]. 上海师范大学学报(自然科学版), 51(6): 824-828.

王婷, 舒江平, 顾钰峰, 等 2022. 中国石松类和蕨类植物多样性研究进展[J]. 生物多样性, 30(7): 45-72.

王小夏, 林木木, 2010. 福建蕨类植物新记录[J]. 亚热带植物科学, 39(2): 68-69.

王宗琪, 刘伊葭, 许元科, 等, 2019. 浙江省2种蕨类植物新记录[J]. 亚热带植物科学, 48(2): 194-196.

王宗琪, 许元科, 林坚, 等, 2018. 浙江省蕨类植物新记录[J]. 亚热带植物科学, 47(2): 173-175.

韦宏金, 陈彬, 杨庆华, 2018. 中国蹄盖蕨科安蕨属一新记录杂交种——华日安蕨[J]. 植物科学学报, 36(5): 642-647.

韦宏金, 陈彬, 杨庆华, 2020. 安徽省蕨类植物分布新记录(Ⅳ)[J]. 植物资源与环境学报, 29(1): 75-77.

韦宏金, 陈彬, 詹双侯, 等, 2017. 安徽省蕨类植物分布新记录(Ⅰ)[J]. 植物资源与环境学报, 26(4): 113-115.

韦宏金, 陈彬, 詹双侯, 等, 2018. 安徽省蕨类植物分布新记录(Ⅱ)[J]. 植物资源与环境学报, 27(1): 118-120.

韦宏金, 陈彬, 詹双侯, 等, 2019. 安徽省蕨类植物分布新记录(Ⅲ)[J]. 植物资源与环境学报, 28(4): 110-112.

韦宏金, 郭永俊, 葛斌杰, 等, 2021. 福建省蕨类植物分布新记录(Ⅰ)[J]. 植物资源与环境学报, 30(5): 78-80.

魏作影, 顾钰峰, 夏增强, 等, 2020. 江西省石松类和蕨类植物分布新记录6种[J]. 植物资源与环境学报, 29(5): 78-80.

吴兆洪, 1999. 中国植物志 第六卷 第一分册[M]. 北京: 科学出版社.

吴兆洪, 1999. 中国植物志 第四卷 第二分册[M]. 北京: 科学出版社.

武素功, 2000. 中国植物志 第五卷 第一分册[M]. 北京: 科学出版社.

谢文远, 任孟春, 王宗琪, 等, 2022. 浙江蕨类植物一新记录科——车前蕨科[J]. 浙江林业科技, 42(6): 100-102.

邢公侠, 1999. 中国植物志 第四卷 第一分册[M]. 北京: 科学出版社.

徐国良, 蔡伟龙, 2020. 江西省2种蕨类植物新记录[J]. 亚热带植物科学, 49(2): 142-144.

徐国良, 赖辉莲, 张昌友, 2022. 赣粤地区蕨类植物区系新资料[J]. 热带作物学报, 43(9): 1788-1796.

徐国良, 李子林, 2020. 江西九连山自然保护区9种蕨类植物新记录[J]. 贵州林业科技, 48(1): 20-23.

徐国良, 曾晓辉, 蔡伟龙, 等, 2019a. 江西省及九连山地区蕨类植物分布新记录[J]. 山东林业科技, 49(5): 39-41.

徐国良, 曾晓辉, 蔡伟龙, 等, 2019b. 江西省及九连山地区蕨类植物新记录[J]. 生物灾害科学, 42(1): 78-82.

徐麟, 乐新贵, 毛振伟, 等, 2022. 阳际峰国家级自然保护区蕨类植物新记录(Ⅱ)[J]. 南方林业科学, 50(4): 50-52.

徐珊珊, 孙瑞瑞, 王金虎, 等, 2023. 上海蕨类植物新记录种——柄叶瓶尔小草[J]. 中国城市林业, 21(5): 82-87.

严岳鸿, 苑虎, 何祖霞, 等, 2011. 江西蕨类植物新记录[J]. 广西植物, 31(1): 5-8.

严岳鸿, 张宪春, 周喜乐, 等, 2016. 中国生物物种名录 第一卷 植物 蕨类植物[M]. 北京: 科学出版社.

尹燕飞, 唐剑泉, 亓晓, 等, 2023. 泰山11种蕨类植物新记录[J]. 山东农业大学学报(自然科学版), 54(1): 61-64.

曾宪锋, 邱贺媛, 2013. 江西省1种新记录蕨类植物[J]. 广东农业科学, 40(3): 167+238.

曾宪锋, 邱贺媛, 2014. 赣州产3种江西省新记录蕨类植物[J]. 福建林业科技, 41(4): 95-97.

张宪春, 2004. 中国植物志 第六卷 第三分册[M]. 北京: 科学出版社.

赵鑫磊, 张雨凤, 王星星, 等, 2015. 安徽大别山区蕨类植物新记录种——松叶蕨[J]. 亚热带植物科学, 44(4): 337-339.

浙江植物志编辑委员会, 1993. 浙江植物志 第一卷 蕨类植物及裸子植物[M]. 杭州: 浙江科学技术出版社.

钟益鑫, 2011. 福建蕨类植物新纪录[J]. 绿色科技, (11): 75-76.

周喜乐, 张宪春, 孙久琼, 等, 2016. 中国石松类和蕨类植物的多样性与地理分布[J]. 生物多样性, 24(1): 102-107.

朱维明, 1999. 中国植物志 第三卷 第二分册[M]. 北京: 科学出版社.

朱晓凤, 周喜乐, 顾钰峰, 等, 2015. 安徽蕨类植物新记录种——过山蕨(*Asplenium ruprechtii*)[J]. 安徽农业大学学报, 42(4): 576-578.

FRASER-JENKINS C R, GANDHI K N, KHOLIA B S, et al, 2017. An Annotated Checklist of Indian Pteridophytes[M]: Vol. 1. Dehra Dun: M/s Bishen Singh Mahendra Pal Singh.

LIU C L, YU X L, SONG X L. Two new diploid species of Isoetes (Isoetaceae: Lycopodiopsida) from Southeastern China based on morphological and molecular evidence[J]. Phytotaxa, 642(1): 37-49.

LU Y J, GU Y F, YAN Y H. 2021. Isoetes baodongii (Isoetaceae), a new basic diploid species of quillwort from China[J]. Novon, 29: 206-210.

LUO J J, SHANG H, XUE Z Q, et al, 2024. Genome-wide data reveal bidirection and asymmetrical hybridization origin of a fern species Microlepia mattthewii[J]. Frontiers in Plant Science, 15:1392990.

SCHUETTPELZ E, SCHNEIDER H, SMITH A R, et al, 2016. A community-derived classification for extant lycophytes and ferns[J]. Journal of Systematics and Evolution, 54(6): 563-603.

SHANG H, MA Q X, YAN Y H. Dryopteris shiakeana (Dryopteridaceae): A new fern from Danxiashan in Guangdong, China[J]. Phytotaxa 218.2(2015):156-162.

TRIANA-MORENO L A., YAÑEZ A, KUO L Y, et al, 2023. Phylogenetic revision of Dennstaedtioideae (Dennstaedtiaceae: Polypodiales) with description of Mucura, gen. nov[J]. Taxon, 72(1): 20-46.

WU Z Y, PETER H R, HONG D Y. 2013. Isoetaceae in Flora of China: Vol. 2-3[M]. Beijing: Science Press & St. Louis: Missouri Botanical Garden Press.

中文名索引

学名索引

属

种

E